安全科学学术地图（火灾卷）

ACADEMIC MAP OF SAFETY & SECURITY SCIENCE
（FIRE VOLUME）

李 杰　冯长根　陈伟炯　著

科学出版社

北京

内 容 简 介

本书从火灾科学产出与合作学术地图、火灾科学热点主题学术地图、火灾科学知识基础学术地图、野火科学学术地图、火灾安全科学会议学术地图及中国火灾科学学术地图等方面，对国内外火灾科学研究进行了整体分析，对我国火灾专业学生及科研人员进行火灾科学研究及格局、态势分析有重要参考价值。

本书可供安全工程专业及消防工程专业高年级本科生、研究生及科研人员阅读参考。

图书在版编目（CIP）数据

安全科学学术地图. 火灾卷 / 李杰，冯长根，陈伟炯著. — 北京：科学出版社，2020.5

ISBN 978-7-03-064765-8

Ⅰ.①安… Ⅱ.①李… ②冯… ③陈… Ⅲ.①安全科学–研究 ②火灾–灾害防治–研究 Ⅳ.① X9 ② TU998.12

中国版本图书馆 CIP 数据核字（2020）第 054389 号

责任编辑：刘　冉 / 责任校对：何艳萍
责任印制：肖　兴 / 封面设计：北京图阅盛世

科学出版社 出版
北京东黄城根北街 16 号
邮政编码：100717
http://www.sciencep.com
北京九天鸿程印刷有限责任公司 印刷
科学出版社发行　各地新华书店经销

*

2020 年 5 月第 一 版　开本：720×1000　1/16
2020 年 5 月第一次印刷　印张：13 1/2
字数：270 000
定价：120.00 元
（如有印装质量问题，我社负责调换）

安全科学学术地图

顾问委员会 /Advisory Committee

柴建设	中华人民共和国生态环境部核与辐射安全研究中心
程卫民	山东科技大学
丛北华	同济大学
樊运晓	中国地质大学(北京)
傅　贵	中国矿业大学(北京)
郭晓宏	首都经济贸易大学
胡双启	中北大学
贾进章	辽宁工程技术大学
姜传胜	中国安全生产科学研究院
蒋军成	常州大学
景国勋	安阳工学院
李开伟	台湾中华大学
李乃文	辽宁工程技术大学
李生才	北京理工大学
李树刚	西安科技大学
李思成	中国人民警察大学
李振明	浙江工业大学
廖光煊	中国科学技术大学
刘　潜	中国职业安全健康协会
刘家豪	上海海事大学
刘铁民	中国安全生产科学研究院
潘　勇	南京工业大学
潘旭海	南京工业大学
钱新明	北京理工大学
申世飞	清华大学
石　龙	澳大利亚皇家墨尔本理工大学
宋守信	北京交通大学
宋英华	武汉理工大学

支持单位 /Supported Organizations

前　　言

　　火，是人类文明的标志，是把人类带入新历史时期的媒介。火，一旦失去控制，则会给人类造成巨大伤害。2018年的巴西国家博物馆火灾、美国加州林火，2019年法国巴黎圣母院火灾、巴西热带雨林火灾和澳大利亚丛林火灾，以及我国四川凉山的森林火灾等，都给人类带来了严重伤亡和巨大损失。随着人类社会的不断发展，人类集聚密度越来越大，面临的火灾形势也越来越严峻，全社会对于火灾也越来越关切。2019年8月上映的以我国港口石油储罐火灾事故为历史原型的电影《烈火英雄》，更是把火灾危害推向了公众舆论的焦点。

　　知火方能少灾。火灾科学是研究火灾发生、发展机理与防治技术的科学门类，是对火灾本质规律的研究，是人类从源头上降低和消除火灾发生的根本途径。20世纪70年代初，美国哈佛大学H. W. Emmons教授将物理学中质量守恒、动量守恒、能量守恒和化学反应原理巧妙地运用到建筑火灾的研究上，开创了火灾安全科学研究的先河，被公认为"火灾安全科学之父"。随后，国内外相应学术期刊、重要会议以及研究生人才的培养等工作在火灾科学共同体中逐渐发展成长。经过数十年的研究积累，火灾领域已经产生了大量的学术成果。《安全科学学术地图》（火灾卷）就是以火灾科学研究中长期积累的成果为数据样本，从产出与合作、热点主题、知识基础等方面研制火灾科学学术地图。

　　在《安全科学学术地图》（火灾卷）的绘制过程中，我们深知对一个学科门类，很难面面俱到地进行学科学术地图微观层面的深入分析。课题组最终选择了以宏观分析为主的分析策略，来绘制火灾科学研究的学术地图。这种宏观性的分析，从全局层面来展示全球火灾科学研究的基本情况，以便更为广泛地服务火灾科学工作者。对于更细粒度的分析，例如"锂电池火灾"、"池火"以及"隧道火灾"等将在后期进行专题挖掘。

　　当前，火灾科学研究和火灾科学高等教育，已成为安全科学与工程教育的重要组成部分。在我国安全科学与工程的发展史上，火灾成为继煤矿安全之后又一个在安全工程领域快速兴起的分支领域。火灾科学专业毕业的博士，大量进入高校从事教学和科研工作。这促使不少高校的安全工程专业均开设了火灾科学（或消防工程）相关课程，火灾安全研究生的培养也同时成为热点。《安全科学学术地图》（火灾卷）的面世，将为高校教师和学生提供一定的信息参考。

在《安全科学学术地图》（综合卷）顾问委员会的基础上，进一步邀请了数位火灾科学研究学者加入，并提供相关指导。衷心感谢顾问委员会对《安全科学学术地图》绘制工作的支持。感谢安全科学与工程系李晓恋、谢启苗以及汪侃等同事的帮助，感谢李平、史芳芳以及梁艺珍等学生参与校对，以及范传刚教授等在研究过程中提出相关建议并给予支持。感谢国家自然科学基金项目（51874042，51904185）对本研究的资助。最后，谨以此报告献给火灾科学领域的"烈火英雄"们。

作　者

2020年1月

目　　录

第1章 引　言

1.1　背景概述

　　火的使用使人类告别茹毛饮血的时代，是人类走向文明的开端。从此火在整个人类发展史上扮演着重要的角色，它不仅服务于人类日常生活，也被大量用于改造自然活动的方方面面。火的本质是一种能量，如果火在使用过程中失去控制，则易导致意外伤害的发生。我们把"在时间和空间上失去控制的燃烧所造成的灾害"称为火灾。

　　火被人类使用以来，火灾就时有发生。在我国古代就专门设有"消防"部门，用于对抗火灾。早期人们对火灾的认识仅仅停留在相对初级的层面上，对火灾本质的认识存在很大的不足，这与早期科学技术的落后直接相关。进入现代社会以后，数学、物理学和化学等得到突飞猛进的发展，人类对自然界现象的认识不再停留在表层的现象观察和描述上，而是更加注重对现象背后科学规律的探索。人类对火及火灾科学的认识和发展同样如此。20世纪70年代初，美国哈佛大学H. W. Emmons教授将物理学中质量守恒、动量守恒、能量守恒和化学反应原理巧妙地运用到建筑火灾的研究上，开创了火灾安全科学研究的先河，被公认为"火灾安全科学之父"。当然，这时的火灾科学还处于库恩所说的前科学与常规科学的过渡阶段（Kuhn, 1962）。这一阶段火灾科学相关的科学共同体逐渐形成，并相聚在一起共商火灾研究科学化发展的道路。1985年国际火灾安全科学联合会的成立及第一届国际火灾科学大会的召开成为火灾科学发展历史上的里程碑。

　　经过数十年的发展，虽然火灾科学取得了不小的成就，但国内外火灾形势却依然严峻。例如，图1和表1展示了我国1990~2012年火灾发生数、死亡人数、受伤人数以及直接经济损失的基本情况。从整体上来看，1990~1996年间，我国火灾发生数处在较低的水平。然而，这个阶段火灾死亡和受伤人数处在较高水平，且经济损失呈急速增长趋势。1996年以后直至2002年，我国火灾发生数急速增长，且死亡、受伤人数（虽然受伤人数自1997年开始下降）都处在较高的水平，火灾经济损失也比较严重。2002年以后我国火灾发生数、死亡人数和受伤人数虽然都呈快速下降趋势，但火灾导致的经济损失却整体呈增长趋势。这种趋势整体反映了随着科学技术的发展，火灾的防控、人员的救治达到了一个很高的水平，但是由于人类生活密度和财富密度的不断增加，火灾带来的损失在不断增大。

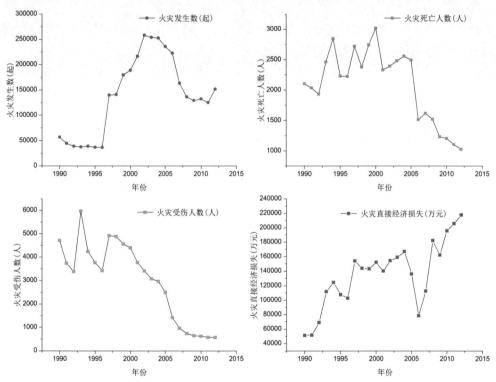

图1　1990~2012年我国火灾事故主要统计指标的变化分析

Fig.1　Statistical indicators of fire accidents in China from 1990–2012

表1　1990~2012年我国火灾事故的主要统计指标

Table 1　Statistical indicators of fire accidents in China from 1990–2012

年份	火灾发生数（起）	火灾死亡人数（人）	火灾受伤人数（人）	火灾直接经济损失（万元）
1990	57302	2107	4722	51181.8
1991	45020	2039	3746	51813.3
1992	39391	1937	3388	69025.7
1993	38094	2467	5977	111768.8

续表

年份	火灾发生数（起）	火灾死亡人数（人）	火灾受伤人数（人）	火灾直接经济损失（万元）
1994	39357	2847	4254	124491
1995	37136	2232	3770	107776.5
1996	36856	2225	3428	102908.5
1997	140280	2722	4930	154140.6
1998	141305	2380	4894	143995.2
1999	179955	2744	4572	143394
2000	189185	3021	4404	152217.3
2001	216784	2334	3781	140326.1
2002	258315	2393	3414	154446
2003	253932	2482	3087	159088.6
2004	252704	2558	2969	167197.3
2005	235941	2496	2506	136288
2006	222702	1517	1418	78446.8
2007	163521	1617	969	112515.8
2008	136835	1521	743	182202.5
2009	129381	1236	651	162390.7
2010	132497	1205	624	195945.2
2011	125417	1108	571	205743.4
2012	152157	1028	575	217716.3

数据来源：国家统计局http://data.stats.gov.cn/easyquery.htm?cn=C01。从国家统计局获取的火灾数据时间范围为1990~2012年，2012年之后的数据都为空

2017年我国各省不同等级火灾的分布结果显示，火灾在我国全境发生广泛。其中，广西、湖南和湖北是一般火灾事故和较大火灾事故集中发生的省份。在重大和特别重大火灾发生数上，内蒙古是"重灾区"。此外，在重大火灾的发生次数上，四川也明显高于其他省份，属于比较严重的区域*。

在火灾科学研究中，研究人员早期已经有意无意地进行了火灾科学全景图的研究，火灾科学研究中的综述就是这样一类探索。在当前科学数据库、数据处理与分析技术和数据可视化技术的基础上，通过大量科技文本数据挖掘来绘制火灾科学学术地图成为可能。在《安全科学学术地图》（综合卷）的基础上，课题组进一步策划了火灾卷，以延续《安全科学学术地图》的绘制工作。下面就数据来源、研究内容和流程、研究方法以及基本术语进行介绍。

---

* 数据来源：国家统计局 http://data.stats.gov.cn/mapdata.htm?cn=E0103.

1.2 数据来源

科睿唯安Web of Science经过严格的选刊条件，收录了全球最为核心的自然科学、社会科学以及人文与艺术科学等领域10000余种期刊，是进行科学计量与学术地图绘制最为核心的数据库之一。为了尽可能采集到Web of Science中收录的火灾科学期刊数据，首先在Web of Science 的Journal Citation Report中以"Fire"为检索词，来检索期刊标题中包含火灾的期刊。最后，共得到Fire and Materials《火与材料》、Fire Technology《消防技术》、Fire Safety Journal《火灾安全杂志》和Journal of Fire Sciences《火灾科学杂志》4本火灾科学综合期刊和International Journal of Wildland Fire《国际野火杂志》和Fire Ecology《火与生态》2本野火期刊。期刊出版的详细信息参见表2和表3。在这些数据的基础上，进一步对国际火灾科学的重要会议、火灾科学研究的中文核心期刊（如表3）与代表单位的博士论文进行分析。

表2 火灾科学领域国际代表期刊
Table 2 Detailed information of four core journals for mapping fire science

期刊名称	ISSN	出版地	发行频率（期/年）	现任主编	主编所在国家	出版社
Fire and Materials	0308-0501	英格兰	8	Stephen J. Grayson	英国	John Wiley & Sons Ltd
Fire Technology	0015-2684	美国	6	Guillermo Rein	英国	Springer US
Fire Safety Journal	0379-7112	瑞士	8	Luke Bisby	英国	Elsevier
Journal of Fire Sciences	0734-9041	英格兰	6	Alexander B. Morgan	美国	SAGE

注：Fire and Materials期刊主页 https://onlinelibrary.wiley.com/journal/10991018

　　　Fire Technology期刊主页https://link.springer.com/journal/10694

　　　Fire Safety Journal期刊主页https://www.journals.elsevier.com/fire-safety-journal

　　　Journal of Fire Sciences期刊主页https://journals.sagepub.com/home/jfs

表3 野火与中文火灾科学研究期刊
Table 3 Detailed information of journals for wildfire and Chinese fire research

期刊名称	ISSN	出版地	发行频率（期/年）	现任主编	主编所在国家	出版社/主办单位
International Journal of Wildland Fire	1049-8001	澳大利亚	8	Susan Conard	美国	CSIRO Publishing
Fire Ecology	1933-9747	美国	3	Robert Keane	美国	Springer
《火灾科学》	1004-5309	中国	4	张和平	中国	中国科学技术大学
《消防科学与技术》	1009-0029	中国	12	王铁强	中国	中国消防协会

注：期刊中有多位主编时，这里仅仅列出第一主编

　　　International Journal of Wildland Fire期刊主页https://www.publish.csiro.au/wf

　　　Fire Ecology期刊主页https://fireecology.springeropen.com/

　　　《火灾科学》期刊主页http://hzkx.ustc.edu.cn/ch/index.aspx

　　　《消防科学与技术》期刊主页http://www.xfkj.com.cn/

2019年4月12日，按照图2的检索策略，从Web of Science获得了*Fire and Materials*，*Fire Technology*，*Journal of Fire Sciences*以及*Fire Safety Journal*上发表的5673篇论文（包含被SCI收录的所有类型的文献，某些期刊在一些年份未被收录的不纳入本研究的样本数据）[*]。本书所处理的期刊实际论文量和比例如图3。

Set	Results		Edit Sets	Combine Sets	Delete Set
		Save History / Create Alert　Open Saved History		AND　OR	Select All
				Combine	✕ Delete
#12	107	**PUBLICATION NAME:** (Journal of Fire Protection Engineering) *Indexes=SCI-EXPANDED, SSCI Timespan=1900-2018*	Edit	☐	☐
#11	238	**PUBLICATION NAME:** (Fire Ecology) *Indexes=SCI-EXPANDED, SSCI Timespan=1900-2018*	Edit	☐	☐
#10	5,673	*8 OR #7 OR #6 OR #5* *Indexes=SCI-EXPANDED, SSCI Timespan=1900-2018*	Edit	☐	☐
#9	1,570	**PUBLICATION NAME:** (International Journal of Wildland Fire) *Indexes=SCI-EXPANDED, SSCI Timespan=1900-2018*	Edit	☐	☐
#8	2,220	**PUBLICATION NAME:** (Fire Safety Journal) *Indexes=SCI-EXPANDED, SSCI Timespan=1900-2018*	Edit	☐	☐
#7	1,081	**PUBLICATION NAME:** (Journal of Fire Sciences) *Indexes=SCI-EXPANDED, SSCI Timespan=1900-2018*	Edit	☐	☐
#6	1,093	**PUBLICATION NAME:** (Fire Technology) *Indexes=SCI-EXPANDED, SSCI Timespan=1900-2018*	Edit	☐	☐
#5	1,279	**PUBLICATION NAME:** (fire and materials) *Indexes=SCI-EXPANDED, SSCI Timespan=1900-2018*	Edit	☐	☐

图 2　数据检索策略

Fig.2　Strategies for data collection in fire research

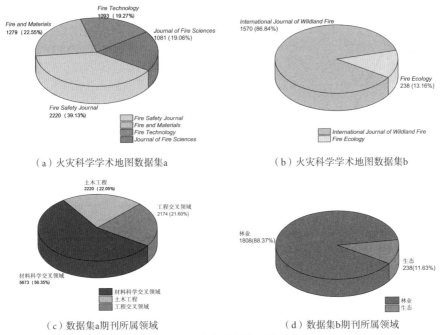

（a）火灾科学学术地图数据集a　　　　（b）火灾科学学术地图数据集b

（c）数据集a期刊所属领域　　　　（d）数据集b期刊所属领域

图 3　国际火灾科学期刊的分布

Fig.3　Outputs and categories distribution of international fire science journals

---

[*]　经过 HistCite 处理后，共得到 5670 篇论文（*Fire Technology* 处理后为 1090 篇论文）。

火灾科学样本期刊耦合及影响分布如图4所示。图中仅显示了期刊耦合强度大于10000的期刊耦合关系，其中*International Journal of Wildland Fire*（*IJWF*）和*Fire Ecology*（*FE*）的耦合强度达到了53191，排在所有期刊耦合关系强度的首位。此外，*Fire Safety Journal*（*FSJ*）和*Fire Technology*（*FT*）以及*Fire Safety Journal*和*Fire and Materials*（*FM*）的耦合强度分别位于第二位和第三位。在8对期刊耦合关系中，与*Fire Safety Journal*构建的高强度耦合关系有4对。*Fire Safety Journal*与其他期刊的高耦合强度，反映了其研究内容的广泛性及高的领域影响力。在四大火灾科学期刊的总被引和篇均被引分布上，*IJWF*具有最高的总被引次数和篇均被引次数。*FSJ*在论文的总被引上也显著高于其他火灾期刊，但其在篇均被引上与*FM*差距不大。*FE*、*FT*和*Journal of Fire Sciences*（*JFS*）的总被引次数分布在10000以内，篇均被引也主要分布在5~10次。

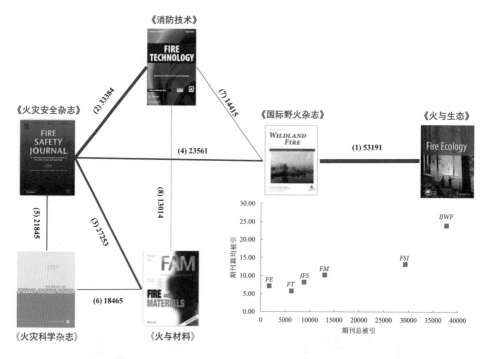

图 4　火灾科学国际期刊的耦合关联与影响分布

Fig.4　Bibliographic coupling network of six international fire science journals

图中仅仅显示了耦合强度大于 10000 的连线

　　本书重点分析火灾科学4本英文期刊（不包含野火期刊）影响因子[*]的年度分布，如图5。从整体上来看，4本刊物的影响因子都呈增长的趋势，反映了火灾产出成果的平均影响力在不断提高。关于野火样本期刊的影响因子趋势，如图6所示。2000~2017年，2本野火研究的期刊影响因子呈增长趋势，其中*International Journal of Wildland Fire*的影响因子从2000年的0.4，已经增长到了2017年的2.445。近年来新创的期刊*Fire Ecology*从1.156增长到了1.756。影响因子作为衡量期刊过去两年发表论文在当年的篇均被引频次，反映了野火期刊论文平均影响力的提升。

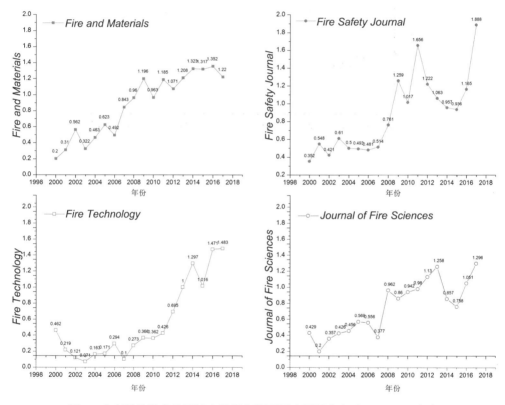

图 5　火灾科学学术地图核心数据集期刊影响因子分布（2000~2017 年）

Fig.5　Impact factors of four core international fire science journal from 2000–2017

---

[*]　某期刊前两年发表的论文在报告年份中被引用总次数除以该期刊在这两年内发表的论文总数。

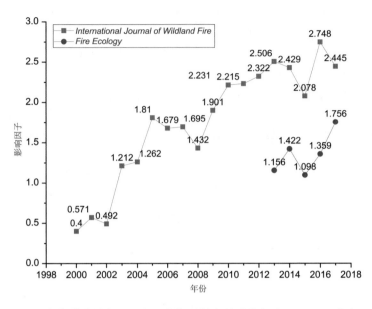

图 6　火灾科学学术地图中野火期刊影响因子分布（2000~2017 年）

Fig.6　Impact factors of two international wildfire fire journals from 2000–2017

期刊的影响因子每年都会更新，最新影响因子可从科睿唯安 Journal Citation Report 直接获取

1.3　研究内容

　　在本研究中，使用图7的分析流程来进行火灾科学学术地图的绘制，包含火灾科学产出与合作学术地图、热点主题学术地图、知识基础学术地图以及火灾专题学术地图（包括野火科学、重要会议以及中国火灾科学学术地图）的研究。

　　首先，基于火灾科学学术地图绘制的研究目标，从科睿唯安SCI数据库中采集火灾科学研究的英文论文数据。其次从中国知网的期刊、会议和学位论文数据库中采集中文论文数据。最后对采集的数据进一步进行合并、除重等预处理。

　　数据采集和处理后，进入数据的分析阶段。在本研究中，每一种分析类型的学术地图都先做首轮分析，然后根据首轮分析结果对数据进行清洗（如合并、过滤、替换等）和分析参数的优化，以得到满意的结果。

　　在得到分析结果后，首先对数据进行初步解读，明确所绘制学术地图的基本含义。其次，在此基础上，借助初步的分析结果进一步与相关专家进行讨论，并在讨论的基础上对结果进一步优化。最后，确定学术地图的最终结果。

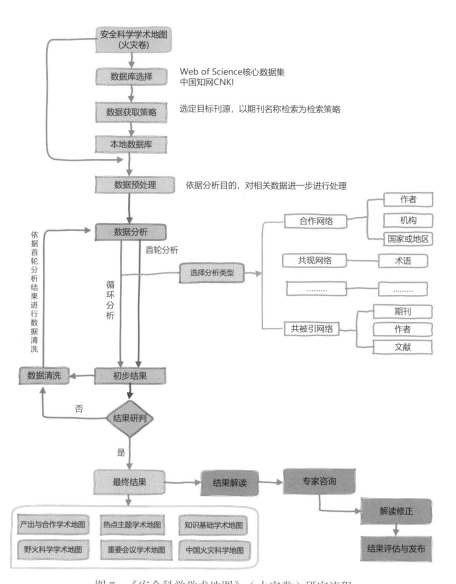

图 7 《安全科学学术地图》（火灾卷）研究流程

Fig.7 Follow chart of academic map of fire science

1.4 研究方法

1. 知识单元映射与聚类

在本研究中，采用VOS Mapping和VOS Clustering的方法对数据进行分析和处理(van Eck and Waltman, 2010; van Eck and Waltman, 2014; Waltman et al., 2010)。

VOS Mapping法是科学学术地图分析中将科学知识单元映射到二维空间的分析方法，类似于传统的MDS（多维尺度）分析方法。基本原理是通过最小化式（1）的目标函数来将知识单元映射到二维空间。

$$V(x_1,\cdots,x_n) = \sum_{i<j} s_{ij} \left\| x_i - x_j \right\|^2 \tag{1}$$

最小化式（1）的约束条件为：

$$\frac{2}{n(n-1)} \sum_{i<j} \left\| x_i - x_j \right\| = 1 \tag{2}$$

式（1）（2）中，n表示网络中节点数量；x_i表示节点i在二维空间的位置，$\left\| x_i - x_j \right\|$表示节点$i$和节点$j$之间的欧氏距离。在VOS映射方法中，使用SMACOF算法来计算约束条件下目标函数的最小值。在VOS中s_{ij}表示节点i和节点j之间强度的标准化结果，VOS使用关联强度来对两个节点之间的强度进行标准化，计算如下式：

$$s_{ij} = \frac{2ma_{ij}}{k_i k_j} \tag{3}$$

式（3）中，k_i或k_j表示节点i或节点j在网络中关系的总权重；m表示网络中所有关系的总权重。

VOS Clustering方法是在知识单元映射的基础上，进一步对知识群进行聚类的方法。其基础来源于Newman等提出的网络聚类的模块化参数。在前人的基础上，Nees和Ludo给出了模块化的一般形式，如下式：

$$U(c_1,\cdots,c_n) = \sum_{i<j} \delta(c_i,c_j)(s_{ij} - \gamma) \tag{4}$$

式（4）中，c_i表示i所在的聚类；$\delta(c_i,c_j)=0$或$\delta(c_i,c_j)=1$，当$c_i=c_j$时，$\delta=1$，否则为0；γ表示聚类分辨率，γ越大，得到的聚类越多。

2. VOS可视化技术

在VOS中共包含三种可视化形式，一是网络可视化（network visualization），二是叠加图可视化（overlay visualization），三是密度图可视化（density visualization）。

网络可视化图中，节点表示某一特定知识单元，知识单元与知识单元之间的连线表示它们之间的关系（可以是合著、共现、共被引或者耦合）。知识单元与知识单元之间的联系强度本身存在较大的差异，这就使得联系更加紧密的知识单元自然而然地聚集在了一起。在网络图中，节点颜色表示知识单元通过网络聚类的方法所划分的类别（图8）。

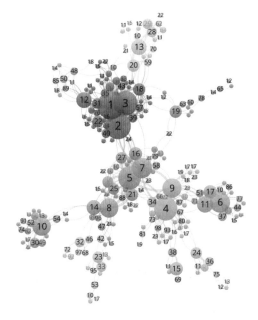

图 8　VOS 聚类图

Fig.8　Cluster view in VOSviewer

在网络可视化的基础上，VOS计算了每一个节点某一属性的独立信息（如知识单元的平均出现时间、平均被引频次或标准化后的被引频次等），并将其叠加在网络可视化图形上，从而生成VOS叠加图。叠加图是网络聚类图的进一步延伸，它使网络视图显示的信息更加丰富。例如，能够通过叠加图快速识别出一个领域的研究趋势、影响力等指标（图9）。

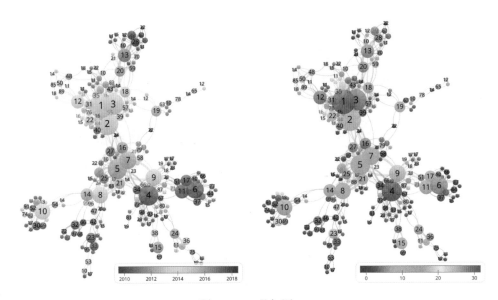

图 9　VOS 叠加图

Fig.9　Overlay view in VOSviewer

在网络视图的基础上，VOS结合知识单元的共现分布以及自身的出现频次设计了知识单元在二维空间分布的密度视图。VOS的知识密度可视化图，能够帮助我们快速识别科学研究的重点领域（图10）。

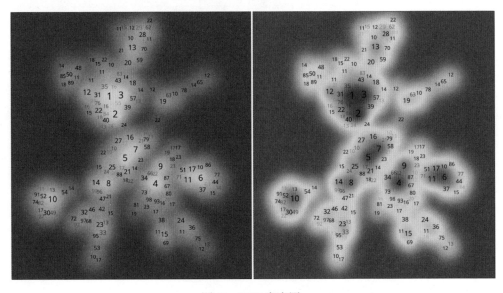

图 10　VOS 密度图

Fig.10　Density view in VOSviewer

在二维空间中，点$x=(x_1, x_2)$的密度$D(x)$按照式（5）进行计算：

$$D(x) = \sum_{i=1}^{n} w_i K\left(\frac{\|x-x_i\|}{\bar{d}h}\right) \tag{5}$$

式中，$K:[0,\infty)\rightarrow[0,\infty)$表示核函数；$\bar{d}$表示元素（知识单元）的平均距离；$h>0$表示核宽度；$w_i$表示节点$i$的权重（如频次、中心度等），这里的函数$K$必须是非增的。在VOS中使用高斯核函数$K(t)=\exp(-t^2)$来进行处理。

3. 主题挖掘原理

在火灾科学学术地图的绘制过程中，主题的识别与其他知识单元（如作者、参考文献以及期刊等）的分析具有一定的差异。期刊、作者以及参考文献等知识单元是作者给定的，不需要专门进行识别。然而，对于主题的分析，则需要专门的主题识别与分析算法支撑，以从火灾科技文本的标题及摘要中来识别出代表研究主题的术语。

在主题的分析中，使用莱顿大学Nees和Ludo等提出的方法进行主题的识别和分析(van Eck et al., 2010)，基本流程如图11。首先使用语言过滤器（Linguistic Filter），将火灾科技论文摘要、标题和摘要中的词语（Part-of-Speech）进行词性处理。例如，可以将这些位置的词语标记为形容词、名词以及动词等。在处理过程中，对词语同时进行词干提取（Stemming）与词形还原（Lemmatization）的规范化处理。在此基础上，使用语言过滤器提取满足一定出现频次的名词性术语（名词性术语可以是"形容词+名词"的形式或以名词结尾的词组）作为后续进一步分析的对象。其次，使用LLR算法对名词性术语的Unithood（术语的单元性）进行测度，即术语作为一个独立的语言单位，其语言结构的稳定性。经过分析后，可以获取具有语义单元（Semantic Units）结构的词集。在此基础上，进一步对术语的Termhood进行测度，即一个术语作为领域知识的代表，负载的信息应与领域知识密切相关。最后经过主题统计，识别出火灾科学研究的主题，形成最终的术

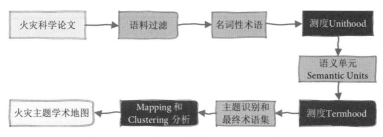

图 11　火灾科学主题学术地图的绘制过程

Fig.11　Follow chart of term analysis in fire science

语集合。并通过术语集合构建共词矩阵和标准化矩阵，来进行共词矩阵映射和聚类，生成火灾科学研究热点主题的学术地图。

4. 知识基础与研究前沿模型

在科学研究中，引用参考文献已经成为科学研究与出版的共识。一方面合理的引用能够客观地呈现知识的内在传承关系，另一方面则是对以往研究者学术贡献的认可。一些文献由于被共同的论文所引用，而形成了共被引关系。在形成共被引关系的文献中，将共同被引用的文献称为"被引文献"，引用这些文献的论文称为"施引文献"。

2006年，美国德雷塞尔大学陈超美教授通过共被引网络的聚类技术，设计了从"知识基础（intellectual base）"映射到"研究前沿（research front）"的概念模型（如图12）。将一个领域高被引论文共被引网络形成的聚类称为研究领域的"知识基础"，对应的高被引论文的施引文献称为研究领域的"前沿文献"。用数学表达就是：一个领域可以概念化为从研究前沿$\Psi(t)$到知识基础$\Omega(t)$的时间映射$\Phi(t)$，即$\Phi(t): \Psi(t) \rightarrow \Omega(t)$。

在共被引网络的"知识基础"与"研究前沿"概念模型的基础上，采用网络聚类方法（用模块化值和剪影值来测度聚类质量）和文本挖掘的方法（LSI, LLR和MI算法），实现对知识基础的聚类和研究前沿术语的挖掘(Chen et al., 2010)。

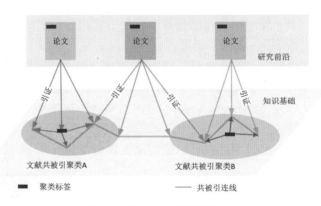

图 12　CiteSpace 概念模型

Fig.12　The conceptual model of CiteSpace

1.5　基本术语

知识单元（knowledge unit）：在样本数据中，数据信息被结构化后，表征论文信息的字段内容。例如，在Web of Science中，AF表示作者全称，CR表示参考文献，DE表示作者关键词，C1主要表征作者的机构、来源地区等信息。如图13，标记了某篇论文的部分知识单元。

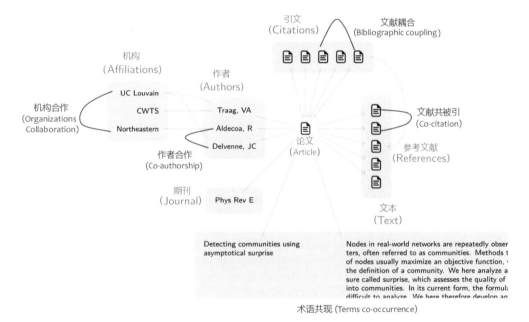

图 13　科学文献数据的核心知识单元及关联

Fig.13　Example of consist of scientific papers and relations between each unit

Vincent Traag. Network analysis — Basics. CWTS Scientometrics Spring School. 17 April 2019

论文产出（publication outputs）：知识单元在研究论文中出现的总频次。例如，某作者的论文产出就是该作者在作者字段（AF或AU）出现的次数。机构、国家/地区以及期刊的论文产出类似。

被引频次（cited frequencies）：论文/期刊/作者等被其他论文所引用的次数。在本书中存在两种被引次数，一是全局被引次数（global citation score），即某知识单元在Web of Science中被引用的次数。二是本地引证次数（local citation score），即某知识单元在本研究所下载的数据集中被引用的次数。

施引文献（citing articles）：在科学研究中，引用其他文献作为当前研究参考文献的论文。

被引文献（cited articles）：在科学研究中所引证的文献信息称为被引文献。

文献共被引分析（documents co-citation）：两篇或两篇以上的论文共同被其他论文引用，则这些论文形成共被引关系。这种分析方法可以扩展到作者共被引分析（authors co-citation analysis）和出版物（期刊）的共被引分析（journals co-citation analysis）。

文献耦合（bibliographic coupling）：两篇或者两篇以上的论文引用了相同的参考文献，那么这些论文之间就形成了耦合关系。两篇论文相同的参考文献越多，那么两篇论文在内容上就越相似。文献的耦合分析可以进一步扩展到出版物（期刊）、作者、机构以及国家/地区耦合分析上。

叠加图分析（overlay map analysis）：在给定的图层上匹配并标记本地数据信息的分析方法（如期刊的全科学地图和领域的全科学地图分析）。

第 2 章　火灾科学产出与合作学术地图

2.1　火灾科学研究整体产出与合作

2.1.1　论文时序产出与合作

　　火灾科学领域四大期刊（特指*Fire and Materials*，*Fire Technology*，*Fire Safety Journal*和*Journal of Fire Sciences*）的论文产出直接反映了火灾科学研究活动的直接成果及研究的活跃程度。对火灾四大期刊的论文时序产出和累计产出进行了分析，如图14。四大期刊论文数据最早从1978年开始，发表论文25篇。1978~1979年的数据均由期刊*Fire and Materials*贡献。整个时序产出上，火灾科学研究的论文呈增长

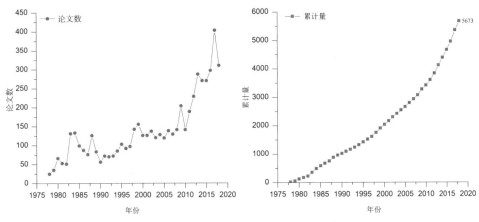

图 14　火灾科学整体论文产出的年度趋势

Fig.14　Publication trends of fire science research

趋势。1978~2010年，火灾科学研究论文产出波动增长，且整个论文的产出几乎都小于200篇/年。在2010年以后，四大期刊综合产出增长显著。四大火灾期刊论文的累计产出在2010年之前呈线性趋势。相比而言，2010年后的增长速度更加明显。

对作者、机构和国家/地区的合作趋势进行分析，如图15、图16和图17。在合作趋势上，无论是作者、机构还是国家/地区，在时间序列上的合作都呈增长趋势。作者独立发文数量呈缓慢下降趋势，火灾科学作者层面科研产出的合作研究已经成为趋势。机构产出在合著与独著上都呈增长趋势，论文的合著趋势的增长速度明显要高于独著论文。在国家/地区论文合作上，单独国家/地区的论文产出仍然

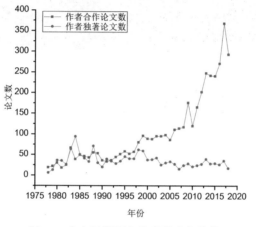

图 15　火灾科学研究作者的合作趋势

Fig.15　Authors collaboration trends of fire science research

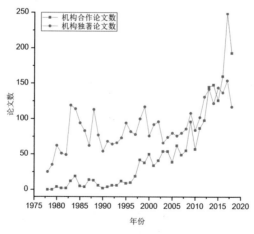

图 16　火灾科学研究机构的合作趋势

Fig.16　Institutions collaboration trends of fire science research

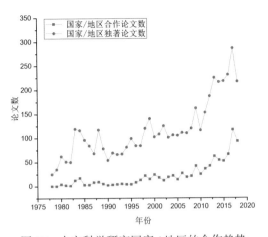

图 17 火灾科学研究国家 / 地区的合作趋势

Fig.17 Countries/regions collaboration trends of fire science research

处于主导地位，并呈增长趋势。在当前科研环境下，科研合作已经成为一种趋势，通过合作能够有效地促进知识在科学共同体内外的交流并提高火灾科学研究的质量和效率，并为解决更加复杂的火灾科学问题提供可能。目前虽然火灾科学合作主要集中在一个国家/地区的内部，但在作者和机构维度上，科学合作已经成为火灾科学研究的重要形式。在全球化和人类科技助推下，全球性国家/地区之间的合作将进一步发展。

2.1.2 国家 / 地区产出与合作

对85个火灾科学研究的国家/地区产出分布和合作规模分布进行统计分析，如图18。火灾科学研究在国家/地区的论文产出分布极不平衡，仅仅有少部分国家/地区产出了大量的论文，大部分国家/地区的论文产出处在较低的水平，如图18（a）。火灾科学国家/地区论文合作规模的分布如图18（b）。国家/地区论文产出的整体合著率为12.94%，国家/地区层面论文产出主要以独著为主（发文4764篇），占所有论文的84%。在国家/地区的合作论文中，主要以两个国家/地区之间的合作为主，共有论文630篇，占比11%。

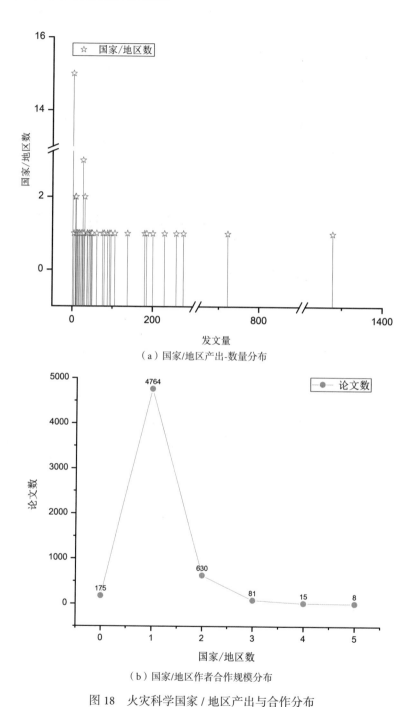

（a）国家/地区产出-数量分布

（b）国家/地区作者合作规模分布

图 18　火灾科学国家 / 地区产出与合作分布

Fig.18　Distribution of countries/regions' outputs and team size of fire science research

在国家/地区论文产出和合作整体分布的基础上，通过这些国家/地区之间论文的合著关系，构建的国家/地区的产出与合作网络如图19。图中节点及标签大小与国家/地区的论文产出成正比，节点和标签越大则对应国家/地区的论文产出越多。国家/地区之间的连线表示在火灾科学研究中的合作关系，连线越宽则合著论文数越多。

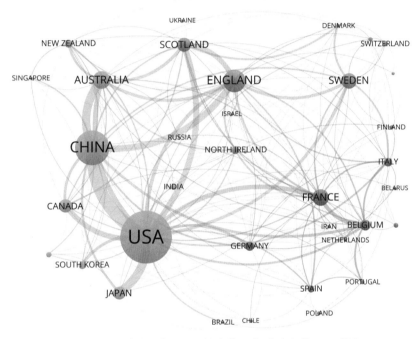

图 19　火灾科学国家 / 地区的合作网络（论文数≥ 10 篇）

Fig.19　Countries/regions collaboration network in fire science research

在合作网络中，美国以发文1277篇（占比22.5%），位列第一位。随后的高产国家/地区依次是中国*（722篇，12.7%）、英格兰（381篇，6.7%）、澳大利亚（276篇，4.9%）、法国（258篇，4.5%）、瑞典（229篇，4.0%）、苏格兰（200篇，3.5%）、加拿大（185篇，3.3%）、日本（180篇，3.2%）、比利时（138篇，2.4%）以及德国（106篇，1.9%），如表4。在合作中，中国-美国合作发表了54篇论文，位于所有合作关系的首位。此外，美国-日本（37篇）、中国-澳大利亚（36篇）、中国-英格兰（28篇）以及美国-苏格兰（26篇）等国家/地区在合作网络中具有较强的合作关系。

---

* 受研究所限，将我国台湾地区数据单列，未统计在中国数据中，特此说明。

表4 火灾科学研究的国家/地区产出、总被引、发文平均时间与被引（论文数≥10篇）

Table 4 Countries/regions'outputs, citations, average publication year and average citations of fire science research

编号	国家/地区（英文）	国家/地区（中文）	论文数	总被引次数	平均年份	篇均被引
1	USA	美国	1277	13557	2007.41	10.62
2	CHINA	中国	722	6317	2011.61	8.75
3	ENGLAND	英格兰	381	6230	2007.08	16.35
4	AUSTRALIA	澳大利亚	276	2515	2010.17	9.11
5	FRANCE	法国	258	3390	2010.81	13.14
6	SWEDEN	瑞典	229	2166	2010.47	9.46
7	SCOTLAND	苏格兰	200	1691	2007.32	8.46
8	CANADA	加拿大	185	1722	2008.16	9.31
9	JAPAN	日本	180	1692	2009.79	9.40
10	BELGIUM	比利时	138	1812	2010.63	13.13
11	GERMANY	德国	106	1229	2011.15	11.59
12	ITALY	意大利	96	1582	2010.31	16.48
13	NORTH IRELAND	北爱尔兰	93	1151	2009.02	12.38
14	NEW ZEALAND	新西兰	88	685	2008.27	7.78
15	SOUTH KOREA	韩国	80	777	2009.88	9.71
16	SPAIN	西班牙	76	655	2012.87	8.62
17	INDIA	印度	61	348	2008.97	5.70
18	TAIWAN, CHINA	中国台湾	50	481	2008.42	9.62
19	TURKEY	土耳其	48	994	2012.02	20.71
20	SWITZERLAND	瑞士	46	717	2008.78	15.59
21	FINLAND	芬兰	42	397	2009.29	9.45
22	PORTUGAL	葡萄牙	38	573	2010.37	15.08
23	NORWAY	挪威	37	303	2009.38	8.19
24	DENMARK	丹麦	31	421	2012.71	13.58
25	POLAND	波兰	31	165	2010.26	5.32
26	SINGAPORE	新加坡	29	327	2010.41	11.28
27	BRAZIL	巴西	26	159	2012.73	6.12
28	GREECE	希腊	26	287	2011.58	11.04
29	IRAN	伊朗	26	219	2013.12	8.42
30	RUSSIA	俄罗斯	25	317	2010.52	12.68
31	NETHERLANDS	荷兰	22	454	2009.86	20.64
32	ISRAEL	以色列	18	332	2003.67	18.44
33	CZECH REPUBLIC	捷克共和国	16	190	2013.13	11.88
34	CHILE	智利	13	37	2015.77	2.85
35	BELARUS	白俄罗斯	12	232	2001.50	19.33
36	UKRAINE	乌克兰	10	44	2005.40	4.40

注：将我国台湾地区数据单列，未统计在中国数据中

图20（a）和（b）中节点颜色的渐变反映了国家/地区论文的平均产出年份或篇均被引情况。美国、英格兰、苏格兰以及加拿大等国家/地区的火灾科学研究相对要早于其他国家或地区，论文平均时间在2008~2009年之间。相比而言，我国火灾科学研究发文的平均时间在2011~2012年之间，属于新兴的火灾科学研

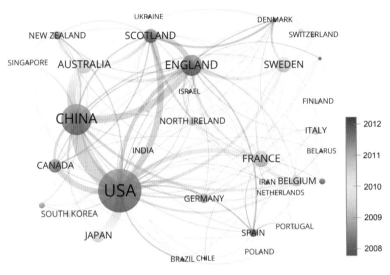

（a）国家/地区产出的时间特征分析

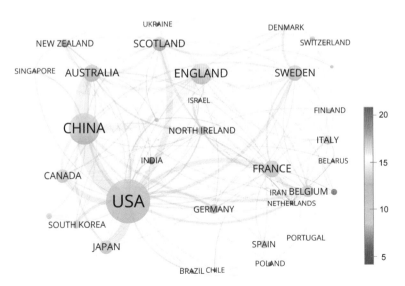

（b）国家/地区产出的篇均被引频次分布

图20　火灾科学国家/地区产出发文时间和篇均被引叠加

Fig.20　Average publication year and average citation of each country/region in fire science research

究国家。此外，巴西、智利、土耳其、伊朗以及西班牙亦是2012年左右火灾科学研究活跃的国家/地区。在论文的篇均被引分析中，土耳其、意大利以及英格兰表现突出。此外，在高产国家/地区中，美国的论文篇均被引为10.62次，我国的论文篇均被引为8.75次，略少于美国。

2.1.3 机构产出与合作

对四大火灾科学期刊论文的机构数据进行清洗，最后共提取了2180个机构。机构的论文产出同样呈现集聚特征，大多数研究机构仅发表了少量论文，而少数机构贡献了大量论文。这反映在科学研究的产出上，机构层面亦存在极大的不平衡，如图21（a）。机构层面的合作反映了火灾研究机构间的知识流动和知识共享。火灾科学全球机构的合作显示，论文主要以独立机构的产出为主。机构作者合作规模分布，如图21（b）。只有一个机构的论文有3647篇，占到了总论文的64.29%。有2个机构合作的论文数有1263篇（22.26%），3个机构合作的论文有414篇（7.30%），4个机构合作的论文数有133篇（2.34%），大于4个机构合作的论文数为41篇（占比0.72%）。

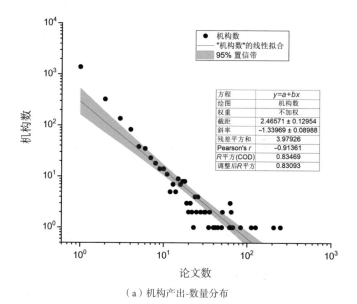

（a）机构产出-数量分布

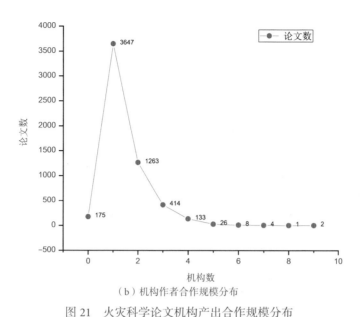

（b）机构作者合作规模分布

图 21　火灾科学论文机构产出合作规模分布

Fig.21　Distribution of institutions' outputs and team size of fire science research

进一步构建了火灾科学研究机构层面的合作网络，如图22。在机构的合作网络中，机构的节点和标签越大，则表明其产出的论文越多。

（1）在合作网络中，发文量大于100篇的机构共有4个。中国科学技术大学（USTC）发文量251篇，排名第一。美国国家标准与技术研究所（NIST）发文208篇，排在第二位。这两个单位是网络中仅有的发文量超过200篇的机构。其中，中国科学技术大学火灾科学国家重点实验室是我国火灾科学与技术研究的核心阵地，有一批在火灾各个领域科学研究突出的学者和专家，并培养了大量火灾科学的研究生。排名第二的美国国家标准与技术研究所直属于美国商务部，进行物理、生物和工程等方面的基础和应用研究。在火灾科学研究中，美国国家标准与技术研究所制定了大量技术标准和报告，在世界火灾科学研究中具有重要的影响力。排名第三和第四位的美国马里兰大学（Univ Maryland，127篇）和英国爱丁堡大学（Univ Edinburgh，113篇）发文量都在100篇以上，在火灾科学研究领域亦表现活跃。

（2）在合作网络中，发文量大于50篇的机构共有11个。这些高产机构主要包含了英国阿尔斯特大学（Univ Ulster，84篇）、瑞典隆德大学（Lund Univ，68篇）、加拿大国家研究委员会（Natl Res Council Canada，66）、瑞典技术研究院（SP Tech Res Inst Sweden，65篇）、香港理工大学（Hong Kong Polytech Univ，65篇）、英国阿伯丁大学（Univ Aberdeen，63篇）、新西兰坎特伯雷大学（Univ Canterbury，63篇）、香港城市大学（City Univ Hong Kong，63篇）以及美国FM全球公司（FM Global，62篇）等。

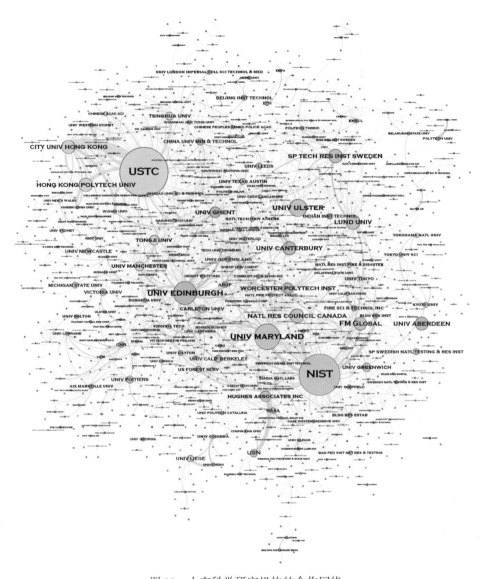

图 22　火灾科学研究机构的合作网络

Fig.22　Institutions collaboration in fire science research

图中展示了 1353 个火灾研究机构产出及合作关系的最大子网络，其他零星的小网络未在图中显示

在产出基础上，进一步对机构（发文量>30 篇）论文产出的平均时间和平均影响力进行分析，如表5。结果显示，中国矿业大学（China Univ Min & Technol）、瑞典技术研究院（SP Tech Res Inst Sweden）、同济大学（Tongji Univ）、比利时根特大学（Univ Ghent）以及澳大利亚维多利亚大学（Victoria Univ）是近期火灾科学研究活跃的机构。相比而言，英国阿伯丁大学（Univ Aberdeen）、加拿大

国家研究委员会（Natl Res Council Canada）、美国Hughes公司（Hughes Associates Inc）、美国加利福尼亚大学伯克利分校（Univ Calif Berkeley）以及香港理工大学（Hong Kong Polytech Univ）是早期活跃的机构。美国加利福尼亚大学伯克利分校、英国格林尼治大学以及美国海军研究实验室是这些机构中篇均被引排名前三的机构，反映了这些机构发表论文的平均影响力较高。

　　在整个机构的合作网络中，机构与机构的合作使用连线来表示，机构的合作越密切则连线越宽。合作密切的机构自然形成了多个研究群落。从图22中不难得出，火灾科学研究机构以高产机构为核心，形成了不同的研究群。在这些群落中，以中国科学技术大学为核心形成了来自中国的机构合作网络，包含的合作机构有香港理工大学、香港城市大学、清华大学以及同济大学等。以美国NIST和马里兰大学等来自美国的机构为核心同样形成了具有一定影响的合作网络。此外，以英国爱丁堡大学、阿尔斯特大学等机构为核心也形成了一定规模的群落。

表5　火灾科学研究机构的产出、总被引、发文平均时间与被引（论文数>30篇）
Table 5　Institutions' outputs, citations, average publication year and average citations of fire science research

编号	机构（英文）	机构（中文）	论文数	被引频次	平均年份	篇均被引
1	USTC	中国科学技术大学	251	2026	2011.06	8.07
2	NIST	美国国家标准与技术研究所	208	2804	2010.32	13.48
3	Univ Maryland	美国马里兰大学	127	1466	2009.21	11.54
4	Univ Edinburgh	英国爱丁堡大学	113	1395	2010.35	12.35
5	Univ Ulster	英国阿尔斯特大学	84	1150	2008.12	13.69
6	Lund Univ	瑞典隆德大学	68	603	2012.96	8.87
7	Natl Res Council Canada	加拿大国家研究委员会	66	653	2005.32	9.89
8	SP Tech Res Inst Sweden	瑞典技术研究院	65	516	2013.48	7.94
9	Hong Kong Polytech Univ	香港理工大学	65	547	2007.18	8.42
10	Univ Aberdeen	英国阿伯丁大学	63	112	2002.37	1.78
11	Univ Canterbury	新西兰坎特伯雷大学	63	453	2008.68	7.19
12	City Univ Hong Kong	香港城市大学	63	904	2011.13	14.35
13	FM Global	美国FM全球公司	62	415	2009.65	6.69
14	Univ Ghent	比利时根特大学	51	444	2013.39	8.71
15	Worcester Polytech Inst	美国伍斯特理工学院	51	534	2009.12	10.47
16	Hughes Associates Inc	美国Hughes公司	50	558	2006.46	11.16
17	Tongji Univ	同济大学	45	544	2013.42	12.09
18	Univ Manchester	英国曼彻斯特大学	42	609	2012.05	14.50
19	Univ Greenwich	英国格林尼治大学	40	755	2009.43	18.88
20	Carleton Univ	加拿大卡尔顿大学	36	252	2012.11	7.00
21	Tsinghua Univ	清华大学	36	216	2012.81	6.00
22	USN	美国海军研究实验室	35	525	2002.34	15.00
23	Univ Poitiers	法国波瓦第尔大学	32	274	2009.50	8.56
24	Univ Calif Berkeley	美国加利福尼亚大学伯克利分校	32	624	2006.88	19.50
25	Victoria Univ	澳大利亚维多利亚大学	31	124	2013.32	4.00
26	China Univ Min & Technol	中国矿业大学	31	126	2014.16	4.06

2.1.4　作者产出与合作

　　四大火灾科学期刊论文中共包含7945位作者，发表1篇论文的作者有5598人（占总人数的70.46%），发表论文不少于1篇的作者有2347人（占总人数的29.54%）。在合作论文中，发表2篇论文的作者数量为1070人（占总人数的13.47%），对所有作者的论文产量和作者规模进行分析，如图23。从作者产出维度来看，大多数作者在火灾科学研究中产出了少量的论文，而少数的作者在火灾研究中产出突出，在火灾科学研究中具有重要的影响。论文作者规模的分布显示，火灾研究中作者的最佳合作规模为2人。随着论文作者规模的增加，论文数量急剧下降。

　　对火灾科学作者的合作进行分析，提取了作者合作网络的最大子网络，如图24。图中共包含了1579个节点（即1579位作者）和4923对合作关系。在网络中Jones, JC（90篇）、Chow, W. K（74篇）、Babrauskas, V（58篇）、Merci, B（58篇）以及Drysdale, DD（55篇）发文都在50篇以上，是火灾科学研究领域的高产学者，如表6。在网络中，围绕高产学者形成了不同的作者合作群落。我国香港理工大学Chow, W. K和中国科学技术大学范维澄等组成的团队合作密切。此外，来自中国科学技术大学的孙金华、陆守香以及张和平等在我国火灾科学研究的群落中也表现突出，但由于他们的方向存在差异，形成了不同的合作团队。

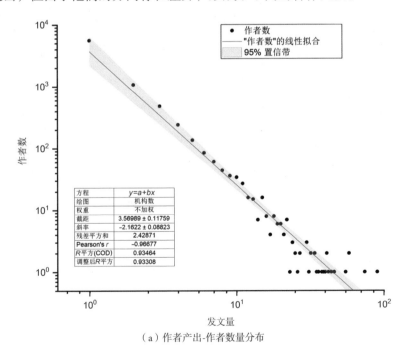

（a）作者产出-作者数量分布

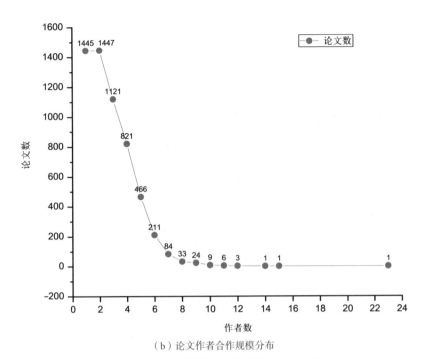

（b）论文作者合作规模分布

图 23　火灾科学研究作者产出与合作分布

Fig.23　Distribution of authors' outputs and team size of fire science research

在产出合作分析的基础上，对作者的发文平均时间和篇均影响力进行分析，如表6。2010年以后活跃的作者有Rein, Guillermo、Merci, B、Manzello, Samuel L、Wang, Y. C、Lattimer, Brian Y、Li, Ying Zhen、Spearpoint, MJ、Torero, Jose L以及Ingason, Haukur等。在2000~2010年活跃的作者有Galea, ER、Bourbigot, S、Delichatsios, M. A、Chow, W. K、Fan, WC、Quintiere, JG以及Jones, JC等。在1992~2000年，火灾科学早期研究活跃的学者有Shields, TJ、Babrauskas, V、Silcock, GWH、Hirschler, MM、Drysdale, DD以及Thomas, PH等。在论文的篇均被引频次上，Bourbigot, S、Quintiere, JG、Babrauskas, V、Ingason, Haukur、Li, Ying Zhen、Galea, ER以及Fan, WC论文的篇均被引达到了15次以上，反映这些学者在火灾科学研究中产出了高影响力的学术论文。Rein, Guillermo、Silcock, GWH、Shields, TJ、Wang, Y. C、Torero, Jose L、Delichatsios, M. A、Manzello, Samuel L以及Drysdale, DD论文的篇均被引达到了10次以上，亦表现出了较高的影响力。

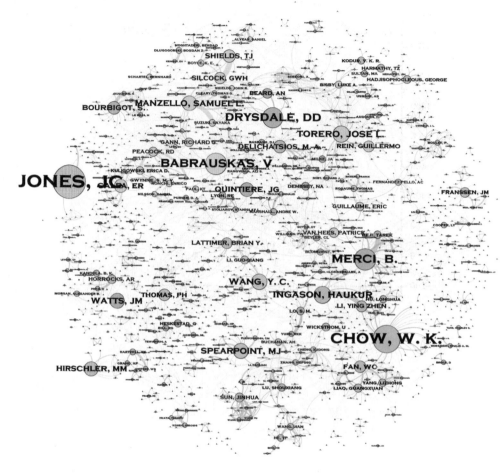

图 24　火灾科学研究作者产出与合作

Fig.24　Authors collaboration network in fire science research

网络中包含 1579 位作者和 4923 对合作关系，合作网络密度为 0.004。

图中仅仅显示了合作关系密切的作者合作连接

表6　火灾科学研究作者的产出、总被引、平均年份与篇均被引（论文数≥30篇）

Table 6　Authors' outputs, citations, average publication year and average citations of fire science research

编号	作者	作者单位	论文量	总被引次数	平均年份	篇均被引
1	Jones, JC	澳大利亚联邦大学	90	221	2000.27	2.46
2	Chow, W. K	香港理工大学	74	661	2003.16	8.93
3	Babrauskas, V	美国消防科技公司	58	1277	1998.12	22.02
4	Merci, B	比利时根特大学	58	498	2013.48	8.59
5	Drysdale, DD	英国爱丁堡大学	55	567	1994.02	10.31
6	Ingason, Haukur	瑞典RISE研究所	46	897	2010.11	19.50

续表

编号	作者	作者单位	论文量	总被引次数	平均年份	篇均被引
7	Torero, Jose L	美国马里兰大学	44	542	2010.41	12.32
8	Wang, Y. C	英国曼彻斯特大学	42	532	2011.93	12.67
9	Spearpoint, MJ	新西兰坎特伯雷大学	41	254	2010.66	6.20
10	Watts, JM	米德尔堡火灾安全研究所	41	89	1996.56	2.17
11	Manzello, Samuel L	美国国家标准与技术研究所	40	445	2012.60	11.13
12	Hirschler, MM	美国GBH 国际	39	289	1995.56	7.41
13	Quintiere, JG	美国马里兰大学	38	874	2000.47	23.00
14	Galea, ER	英国格林尼治大学	36	572	2007.83	15.89
15	Bourbigot, S	法国里尔大学	35	1151	2006.71	32.89
16	Delichatsios, M. A	美国东北大学	34	405	2006.35	11.91
17	Shields, TJ	英国阿尔斯特大学	34	447	1999.38	13.15
18	Fan, WC	中国科学技术大学	32	485	2002.06	15.16
19	Thomas, PH	英国爱丁堡大学	32	200	1992.66	6.25
20	Silcock, GWH	英国阿尔斯特大学	31	425	1996.16	13.71
21	Lattimer, Brian Y	美国Hughes公司	30	220	2011.47	7.33
22	Li, Ying Zhen	瑞典RISE研究所	30	546	2011.33	18.20
23	Rein, Guillermo	英国伦敦帝国学院	30	416	2013.67	13.87

注：由于目前作者消歧技术还不能完全保证准确性，因此这里的作者信息仅仅用于参考

2.2　火灾科学刊物时序产出与合作

2.2.1　论文时序产出与合作

四大火灾科学期刊的论文年度产出和累计分布如图25。整体上，*FM*、*FT*和*FSJ*在年度论文产出上都呈增长趋势，*JFS*的论文的年度产出相对变化不大。

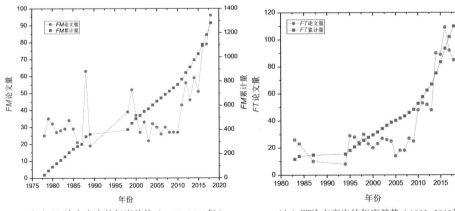

（a）*FM*论文产出的年度趋势（1978~2018年）　　　（b）*FT*论文产出的年度趋势（1983~2018年）

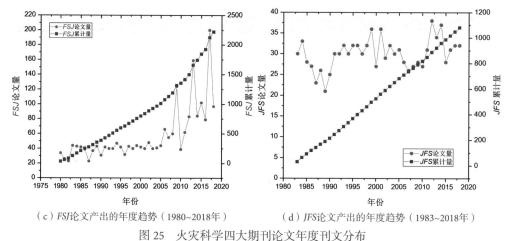

（c）FSJ论文产出的年度趋势（1980~2018年） （d）JFS论文产出的年度趋势（1983~2018年）

图25 火灾科学四大期刊论文年度刊文分布

Fig.25 Publication trends of four fire science journals

（1）1978~2010年，*FM*的年度论文产出处在相对较低的水平，基本维持在30篇/年。其中在1988年和1999年论文呈现了一定的增长突变。2010年以后，*FM*的年度发文量呈现了急剧的增长，反映了2010年后火灾科学学术共同体对*FM*涉及主题的关注。

（2）1983~2018年，*FT*期刊论文的年度产出整体呈增长趋势。在2009年以前*FT*的年度产出较少，论文年均产出仅为30篇/年。在2009年以后论文的年度产出增长迅速（增长速度要高于*FM*），并在2016年达到了峰值109篇。

（3）1980~2018年，*FSJ*期刊论文的年度产出整体亦呈增长趋势。在2008年之前，*FSJ*论文的年度产出变化不大，论文产出在40篇/年上下波动。在2008年以后，论文的年度产出波动变化显著，并在2009年、2013年和2017年分别达到了峰值。2017年的年度产出达到了200篇，经过进一步分析发现其在2017年出版了119篇火灾科学方面的会议论文*。

（4）1983~2018年，*JFS*期刊论文的年度产出呈现一定的波动性，但整体变化不大。年度论文产出最低为21篇（1989年），最高为38篇（2012年）。这种变化反映了*FSJ*在年度刊载论文上是稳定的。

四大火灾科学期刊论文作者、机构和国家/地区层面合作的时间趋势如图26。4本期刊中，作者合著论文的趋势都有增长趋势。近年来，*FM*、*FT*、*FSJ*作者合著论文数增长显著，*JFS*的变化幅度则并不显著。在机构层面的合作趋势上，4种期刊亦呈增长趋势，并在近年来机构合作论文数有超越机构独著论文数的趋势。

---

* Part of special issue: Fire Safety Science: Proceedings of the 12th International Symposium, Edited by Beth Weckman, Arnoud Trouvé, Luke Bisby, Bart Merci. Volume 91, Pages 1-1068 (July 2017).

在国家/地区维度的作者合作趋势中，论文独著仍然是主要产出形式。国家/地区合作论文数和独著论文数在整个趋势上基本同步。

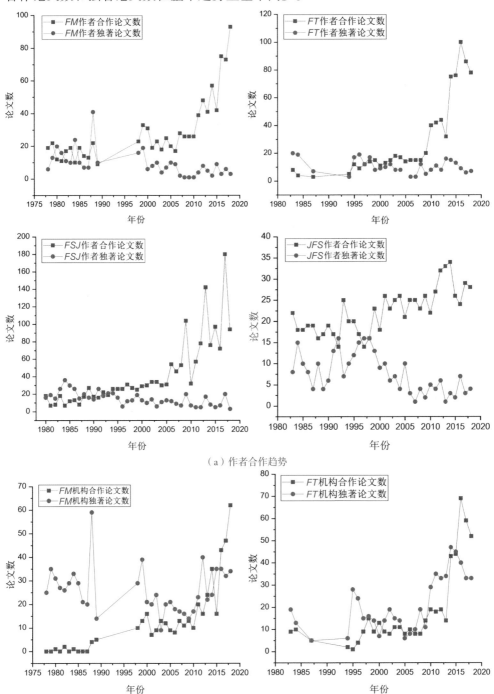

（a）作者合作趋势

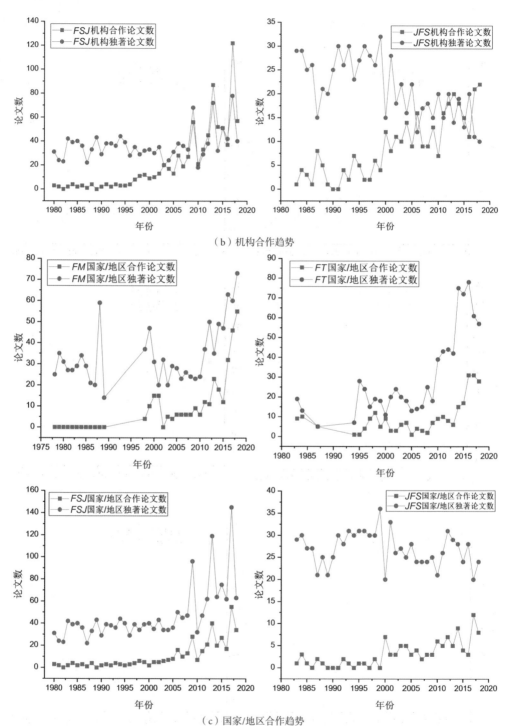

（b）机构合作趋势

（c）国家/地区合作趋势

图 26　火灾科学四大期刊合作趋势分析

Fig.26　Collaboration trends of fire science in four journals

2.2.2　国家 / 地区产出与合作

　　在本部分的分析中，将来自SCOTLAND（苏格兰）、ENGLAND（英格兰）、NORTHERN IRELAND（北爱尔兰）以及WALES（威尔士）的数据合并在UK（英国）中，来展示英国整体的论文产出。对各个期刊的国家/地区论文产出与合作进行可视化，如图27。图中节点、标签大小与对应国家/地区在期刊上的发文量成正比。左侧国家/地区合作网络中节点的颜色越接近红色，表明该国家/地区近期在对应的期刊上发文越活跃，右侧的节点越接近红色，表明该国家/地区在对应期刊上发文的篇均被引频次越高。

　　各个期刊排名前十的国家/地区的发文量、平均发文时间以及篇均被引见表7至表10。从产出上来看，美国、中国和英国是世界范围内火灾科学研究产出的主要国家，并在火灾科学研究中合作密切。美国火灾科学研究产出在四大期刊上都位于第一位，我国在FM、FT和JFS上的发文排名第二，在FSJ上发文排名第三。英国在FM、FT和JFS上发文排名第三，在FSJ上发文排名第二。从论文产出的平均时间来看，三大高产国家中，美国和英国产出论文的平均时间要更早，而我国在四大期刊上论文产出的平均时间更接近现在，这反映了我国近些年来在火灾科学研究上更加活跃。从论文的篇均被引来看，在FM上，我国论文的篇均被引要显著小于英国和美国；FT上英国和加拿大的论文影响要显著高于中国和美国；FSJ上英国的论文篇均被引要高于美国和中国，我国的论文篇均被引则要略高于美国；JFS上美国的论文篇均被引显著高于英国和中国，我国论文的篇均被引则要高于英国。国家/地区论文的篇均被引频次受到论文发表时间的影响，发表论文平均时间早的国家/地区在论文被引频次上有一定的累积优势，论文更容易积累更多的引证次数，也容易获得更高的篇均被引次数。

表7　*FM*高产国家/地区的发文量、平均年份与篇均被引频次
Table 7　Average publication year and average citations of the high productive countries/regions in *FM*

编号	国家/地区（英文）	国家/地区（中文）	发文量	平均年份	篇均被引
1	USA	美国	223	2007.10	14.06
2	CHINA	中国	155	2014.04	5.02
3	UK	英国	105	2006.76	17.22
4	SWEDEN	瑞典	67	2009.75	8.58
5	AUSTRALIA	澳大利亚	58	2010.48	7.90
6	FRANCE	法国	44	2011.68	19.32
7	GERMANY	德国	42	2011.24	9.17
8	JAPAN	日本	37	2008.62	7.16
9	BELGIUM	比利时	34	2007.29	21.09
10	CANADA	加拿大	30	2008.27	9.47
11	NEW ZEALAND	新西兰	30	2006.80	7.43

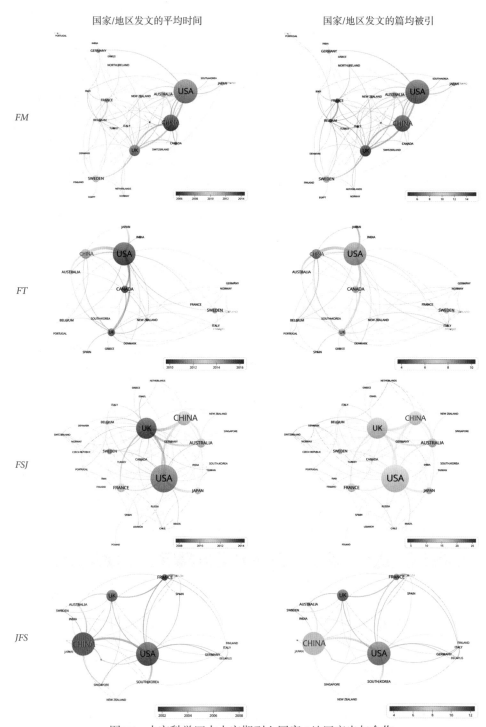

图 27　火灾科学四大火灾期刊上国家 / 地区产出与合作

Fig.27　Outputs and collaboration of each country/region in fire science research

表8 *FT*高产国家/地区的发文量、平均年份与篇均被引频次

Table 8 Average publication year and average citations of the high productive countries/regions in *FT*

编号	国家/地区（英文）	国家/地区（中文）	发文量	平均年份	篇均被引
1	USA	美国	410	2009.39	5.38
2	CHINA	中国	130	2014.27	4.48
3	UK	英国	95	2010.40	7.96
4	CANADA	加拿大	87	2007.38	7.95
5	SWEDEN	瑞典	66	2011.91	6.73
6	AUSTRALIA	澳大利亚	48	2012.94	6.44
7	BELGIUM	比利时	27	2013.37	5.30
8	FRANCE	法国	25	2012.92	8.16
9	JAPAN	日本	25	2013.00	4.24
10	NEW ZEALAND	新西兰	24	2008.00	5.58

表9 *FSJ*高产国家/地区的发文量、平均年份与篇均被引频次

Table 9 Average publication year and average citations of the high productive countries/regions in *FSJ*

编号	国家/地区（英文）	国家/地区（中文）	发文量	平均年份	篇均被引
1	USA	美国	411	2008.96	13.86
2	UK	英国	310	2007.94	17.56
3	CHINA	中国	209	2011.44	14.85
4	AUSTRALIA	澳大利亚	135	2010.19	11.35
5	FRANCE	法国	129	2011.13	13.16
6	JAPAN	日本	102	2010.83	11.92
7	SWEDEN	瑞典	85	2009.62	12.98
8	BELGIUM	比利时	62	2012.03	12.44
9	CANADA	加拿大	55	2011.16	12.58
10	GERMANY	德国	44	2010.48	14.23

表10 *JFS*高产国家/地区的发文量、平均年份与篇均被引频次

Table 10 Average publication year and average citations of the high productive countries/regions in *JFS*

编号	国家/地区（英文）	国家/地区（中文）	发文量	平均年份	篇均被引
1	USA	美国	233	2001.51	10.81
2	CHINA	中国	228	2008.61	8.13
3	UK	英国	111	2002.42	4.41
4	FRANCE	法国	60	2008.62	10.63

续表

编号	国家/地区（英文）	国家/地区（中文）	发文量	平均年份	篇均被引
5	AUSTRALIA	澳大利亚	35	2005.77	6.17
6	SOUTH KOREA	韩国	28	2006.46	7.64
7	GERMANY	德国	18	2002.06	10.83
8	JAPAN	日本	16	2000.81	6.56
9	BELGIUM	比利时	15	2007.47	12.07
10	INDIA	印度	15	2007.00	5.07
11	TAIWAN, CHINA	中国台湾	15	2003.87	8.47

注：将我国台湾地区数据单列，未统计在中国数据中

2.2.3 机构产出与合作

在四大期刊上论文的产出与合作分析中，采用合作密度图和列表的形式呈现分析结果。在密度图中，机构的标签越大，则代表机构在对应期刊上发表论文越多。机构所处的位置密度越大，说明该机构不仅发文量大，而且其周围合作的机构越多。

1）FM的机构产出与合作

FM的机构产出合作密度图见图28，高产机构见表11。FM发表论文排名前十的机构分别为美国国家标准与技术研究所、中国科学技术大学、英国阿尔斯特大学、英国格林尼治大学、新西兰坎特伯雷大学、瑞典隆德大学、香港理工大学、瑞典技术研究院、美国马里兰大学、美国国家航空航天局。其中，美国国家标准与技术研究所发表论文45篇，显著大于其他机构的发文量。中国科学技术大学同样表现突出，以发文37篇，排名第二。在合作密度图上，以高产机构美国国家标准与技术研究所（NIST）、中国科学技术大学（USTC）和英国阿尔斯特大学（Univ Ulster）为核心形成了三个合作群落。

在高产机构中，瑞典隆德大学、瑞典技术研究院、中国科学技术大学和香港理工大学发表论文的平均时间在2010年以后，反映了这些机构是近10年在FM发文的高产机构。美国国家标准与技术研究所、英国阿尔斯特大学、美国马里兰大学、英国格林尼治大学、新西兰坎特伯雷大学以及美国国家航空航天局发文的平均时间在2010年之前，属于早期在FM上发文活跃的机构。

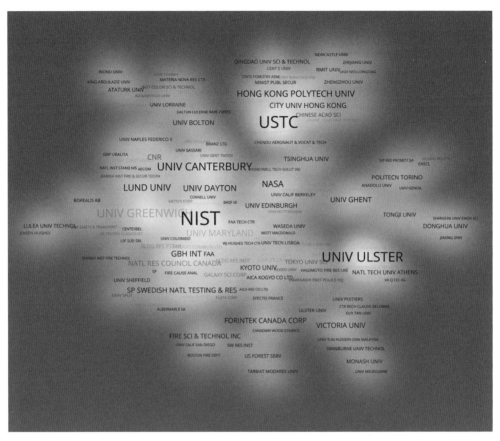

图 28　*FM* 的机构合作密度图

Fig.28　Institutions collaboration density map in *FM*

表11　*FM*高产机构的发文量、平均年份与篇均被引频次

Table 11　Average publication year and average citations of high productive institutions in *FM*

编号	机构（英文）	机构（中文）	论文数	平均年份	篇均被引
1	NIST	美国国家标准与技术研究所	45	2009.22	26.36
2	USTC	中国科学技术大学	37	2012.78	5.43
3	Univ Ulster	英国阿尔斯特大学	27	2009.22	9.81
4	Univ Greenwich	英国格林尼治大学	22	2009.00	19.50
5	Univ Canterbury	新西兰坎特伯雷大学	20	2008.75	5.70
6	Lund Univ	瑞典隆德大学	15	2014.67	4.73
7	Hong Kong Polytech Univ	香港理工大学	14	2010.00	6.36
8	SP Tech Res Inst Sweden	瑞典技术研究院	14	2013.50	4.36
9	Univ Maryland	美国马里兰大学	14	2009.07	11.86
10	NASA	美国国家航空航天局	13	2004.38	5.31

机构论文篇均被引频次显示，美国国家标准与技术研究所论文篇均被引频次达到了26.36次，在高产机构中属于篇均影响力最大的机构。英国格林尼治大学和美国马里兰大学论文篇均被引大于10次，也具有较高的影响力。香港理工大学的论文篇均被引为6.36次，中国科学技术大学的论文篇均被引为5.43次。相比来自美国的机构，我国的机构在FM上的论文篇均影响力要偏低，这与我国发表论文的平均年份距离现在比较近，所积累的论文总被引次相对偏低有一定的关系。

2）FT的机构产出与合作

FT的机构论文产出合作密度图见图29，高产机构见表12。在FT发表论文排名前十的机构分别为美国国家标准与技术研究所（NIST）、中国科学技术大学（USTC）、加拿大国家研究委员会（NRC）、美国马里兰大学、英国爱丁堡大学、美国Hughes公司、瑞典技术研究院、加拿大卡尔顿大学、香港城市大学以及瑞典隆德大学。其中，美国NIST以发文75篇位于第一位。中国科学技术大学发文量为51篇，位居第二位。其余8个机构的论文产出量都小于50篇。在合作密度图中，以NIST、USTC和NRC等高产机构为核心形成了若干合作群落。

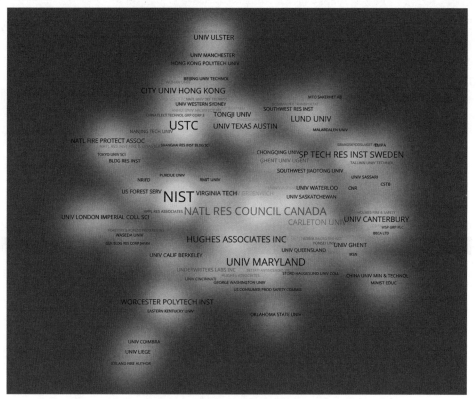

图 29　FT 的机构合作密度图

Fig.29　Institutions collaboration density map in FM

表12 *FT*高产机构发文量、平均年份与篇均被引频次
Table 12 Average publication year and average citations of high productive institutions in *FT*

编号	机构（英文）	机构（中文）	论文数	平均年份	篇均被引
1	NIST	美国国家标准与技术研究所	75	2011.95	6.39
2	USTC	中国科学技术大学	51	2015.47	4.24
3	Natl Res Council Canada	加拿大国家研究委员会	43	2003.93	8.91
4	Univ Maryland	美国马里兰大学	36	2009.42	5.92
5	Univ Edinburgh	英国爱丁堡大学	30	2011.83	8.87
6	Hughes Associates Inc	美国Hughes公司	26	2007.69	7.46
7	SP Tech Res Inst Sweden	瑞典技术研究院	26	2014.62	3.77
8	Carleton Univ	加拿大卡尔顿大学	20	2012.55	4.55
9	City Univ Hong Kong	香港城市大学	20	2011.65	8.30
10	Lund Univ	瑞典隆德大学	20	2014.00	8.15

在这些高产机构中，中国科学技术大学、瑞典技术研究院以及瑞典隆德大学论文产出的平均年份在2014年以后，反映了这些机构近期在*FT*上发文活跃。加拿大卡尔顿大学、美国国家标准与技术研究所、英国爱丁堡大学以及香港城市大学的平均发文时间在2011~2013年，属于在*FT*上发文较为活跃的机构。美国马里兰大学、美国Hughes公司以及加拿大国家研究委员会的发文平均时间在2010年之前，反映其近期在*FT*上发文不活跃。

*FT*上论文的篇均被引显示，加拿大国家研究委员会、英国爱丁堡大学、香港城市大学以及瑞典隆德大学论文的篇均被引超过了8次，在高产机构论文中具有高的影响力。美国Hughes公司、美国国家标准与技术研究所以及美国马里兰大学的论文篇均被引介于5~8之间，论文篇均被引处在中等水平。加拿大卡尔顿大学、中国科学技术大学以及瑞典技术研究院的论文篇均被引小于5次，在高产机构中论文篇均影响力较低。

3）*FSJ*的机构产出与合作

*FSJ*的机构论文产出合作密度见图30，高产机构见表13。在*FSJ*上发文排名前十的机构分别为美国国家标准与技术研究所、英国爱丁堡大学、美国马里兰大学、中国科学技术大学、美国FM全球公司、英国阿尔斯特大学、英国曼彻斯特大学、比利时根特大学、瑞典隆德大学以及美国伍斯特理工学院。其中，美国国家标准与技术研究所以78篇的论文产量排名第一。大于50篇的机构还包括英国爱丁堡大学、美国马里兰大学以及中国科学技术大学，其余的机构发文量都小于50篇。在合作密度图中，以美国国家标准与技术研究所（NIST）、英国爱丁堡大学和中国科学技术大学（USTC）为核心组成了*FSJ*上机构层面的合作群落。

机构的平均发文时间显示，比利时根特大学、英国曼彻斯特大学、瑞典隆德大学、中国科学技术大学以及美国马里兰大学的平均发文时间都在2010年以后，

属于近十年来在*FSJ*上发文活跃的机构。英国爱丁堡大学、美国FM全球公司、美国国家标准与技术研究所、英国阿尔斯特大学以及美国伍斯特理工学院的发文都在2010年之前，属于早期在*FSJ*上发文活跃的机构。

在机构的篇均被引上，除了美国FM全球公司的论文篇均被引小于10次外，其他机构的篇均被引都大于10次。其中，英国阿尔斯特大学、英国曼彻斯特大学、美国马里兰大学以及英国爱丁堡大学在*FSJ*上发表论文的篇均被引频次都达到了15次以上，反映了这些机构在*FSJ*上论文整体具有高的影响力。美国国家标准与技术研究所、瑞典隆德大学、比利时根特大学、中国科学技术大学以及美国伍斯特理工学院的论文篇均被引频次在12~15之间，在*FSJ*上所发表的论文具有较高的影响力。

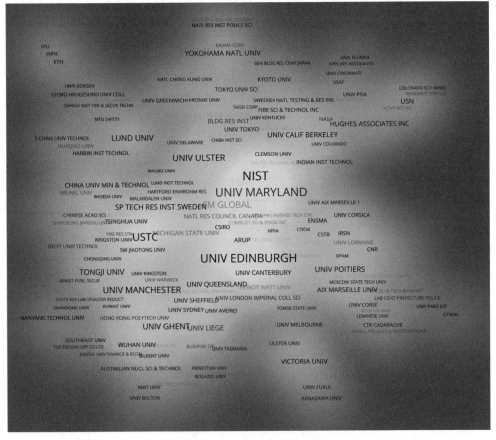

图 30　*FSJ* 的机构合作密度图

Fig.30　Institutions collaboration density map in *FSJ*

表13 *FSJ*高产机构发文量、平均年份与篇均被引频次
Table 13 Average publication year and average citations of high productive institutions in *FSJ*

编号	机构（英文）	机构（中文）	论文数	平均年份	篇均被引
1	NIST	美国国家标准与技术研究所	78	2009.04	14.24
2	Univ Edinburgh	英国爱丁堡大学	69	2009.86	15.41
3	Univ Maryland	美国马里兰大学	67	2010.15	15.54
4	USTC	中国科学技术大学	57	2010.16	12.25
5	FM Global	美国FM全球公司	39	2009.33	9.23
6	Univ Ulster	英国阿尔斯特大学	35	2008.49	19.97
7	Univ Manchester	英国曼彻斯特大学	33	2011.39	16.18
8	Univ Ghent	比利时根特大学	29	2013.14	12.90
9	Lund Univ	瑞典隆德大学	27	2011.15	12.96
10	Worcester Polytech Inst	美国伍斯特理工学院	27	2007.52	12.19

4）*JFS*的机构产出与合作

*JFS*的机构论文产出合作密度见图31，高产机构见表14。在*JFS*上发表论文排名前十的机构分别为中国科学技术大学、英国阿伯丁大学、香港理工大学、北京理工大学、法国国立里尔高等化学学院、清华大学、印度理工学院、香港城市大学、美国马里兰大学、白俄罗斯国立大学以及新西兰坎特伯雷大学。其中，中国科学技术大学发文量106篇，远远高于其他机构。英国阿伯丁大学以发文量57篇，排名第二。我国的香港理工大学在该刊上发表论文39篇。其他机构在*JFS*上的刊文虽然排在前列，但论文产出相对较少。北京理工大学、法国国立里尔高等化学学院、清华大学以及印度理工学院的论文产出大于10篇，其他机构的论文产出为10篇或9篇。同样地，在合作密度图上，以高产机构中国科学技术大学和英国阿伯丁大学为核心，形成了*JFS*规模最大的合作群落。

在机构的平均发文时间分布上，我国的清华大学、香港城市大学、北京理工大学的发文平均时间接近2010年，属于近十年来在*JFS*上发表论文活跃的机构。法国国立里尔高等化学学院、中国科学技术大学、新西兰坎特伯雷大学以及香港理工大学的发文平均年份主要分布在2005年和2008年左右。印度理工学院、白俄罗斯国立大学、美国马里兰大学以及英国阿伯丁大学发文平均年份在2002~2003年，属于早期在*JFS*发文的活跃机构。

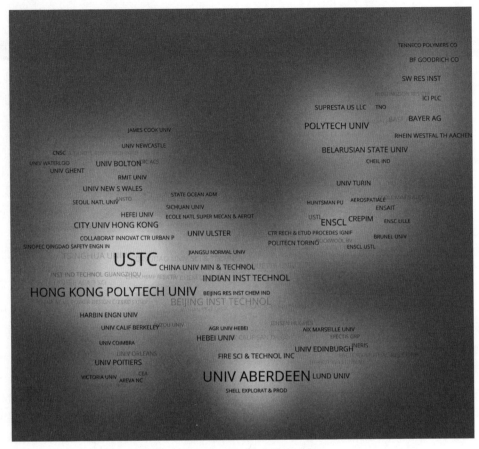

图31　*JFS* 的机构合作密度图

Fig.31　Institutions collaboration density map in *JFS*

表14　*JFS* 高产机构发文量、平均年份与篇均被引频次

Table 14　Average publication year and average citations of high productive institutions in *JFS*

编号	机构（英文）	机构（中文）	论文数	平均年份	篇均被引
1	USTC	中国科学技术大学	106	2008.81	8.59
2	Univ Aberdeen	英国阿伯丁大学	57	2002.14	1.67
3	Hong Kong Polytech Univ	香港理工大学	39	2005.00	8.67
4	Beijing Inst Technol	北京理工大学	18	2009.67	6.06
5	ENSCL	法国国立里尔高等化学学院	15	2008.93	11.93
6	Tsinghua Univ	清华大学	13	2010.77	6.23
7	Indian Inst Technol	印度理工学院	11	2003.73	8.27
8	City Univ Hong Kong	香港城市大学	10	2010.10	10.60
9	Univ Maryland	美国马里兰大学	10	2002.40	4.60
10	Belarusian State Univ	白俄罗斯国立大学	9	2002.56	15.89
11	Univ Canterbury	新西兰坎特伯雷大学	9	2007.78	6.56

在机构的篇均被引上，白俄罗斯国立大学、法国国立里尔高等化学学院、香港城市大学的篇均被引都在10次以上，反映在*JFS*上发表的论文平均影响力要高于其他机构。篇均被引在5~10次的机构主要有香港理工大学、中国科学技术大学、印度理工学院、新西兰坎特伯雷大学、清华大学以及北京理工大学。其他机构的篇均被引处在较低的水平，美国马里兰大学发文量10篇，篇均被引4.6次；英国阿伯丁大学发文57篇，篇均被引1.67次。

2.2.4　作者产出与合作 *

对四大火灾科学期刊分别进行作者产出和合作密度图分析。在作者的合作密度图中，作者的论文产出越多，则作者的标签越大。作者在图中密度的大小与作者自身发文量和周围作者的数量成正比，越接近黄色，则密度越高。

1）*FM*的作者产出与合作

*FM*期刊论文中作者合作的密度见图32，TOP 10高产作者的产出与影响见表15。如*FM*作者的合作密度图所示，以高产作者为核心形成了若干的合作群落。其中，Babrauskas, V、Shields, TJ、Lyon, RE以及Hirschler, MM处于合作的中心。在高产作者中，来自英国格林尼治大学的Galea, ER在*FM*上发表了19篇论文，排在第一位。随后依次是美国消防科技公司的Babrauskas, V和英国阿尔斯特大学的Shields, TJ。TOP 10高产作者主要来自美国和英国，说明英美学者是*FM*的论文数量的重要贡献者。来自我国香港理工大学的Chow, W. K发文量10篇，排在并列第九位。在产量前十位的学者中，Morgan, Alexander B、Schartel, Bernhard以及Blomqvist, P所发表论文的平均时间在2010年以后，属于近十年来活跃的学者。从论文的被引影响来看，虽然Schartel, Bernhard仅发表了10篇论文，但论文的篇均被引频次达到了74.1次。此外，Lyon, RE和Babrauskas, V所发表论文的篇均被引超过了28次，也具有较高的影响力。我国学者位于*FM*作者密度图的右侧，主要来源于中国科学技术大学火灾科学国家重点实验室和香港理工大学，并分别以Zhang Heping、Sun Jinhua和Wang Jian等作者为主形成了三个研究群落。从我国学者在*FM*发文的时间特点来看，来自中国科学技术大学的学者近些年来发文很活跃，来自香港理工大学的学者则发文平均时间距离现在比较远，近年来的活跃度比较低。

---

*　目前，国内外科学计量中作者消歧处理上技术还很不成熟，所分析的结果往往与作者本人存在一定的差距。本部分作者的产出与影响仅仅作为参考。

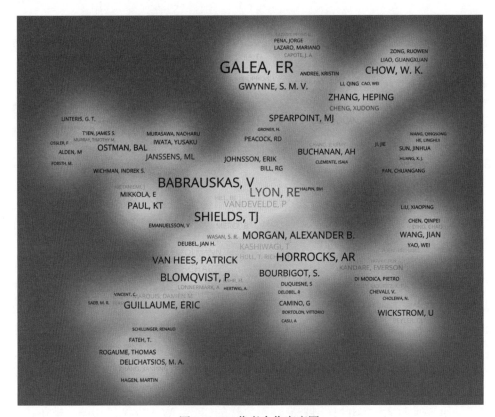

图 32　*FM* 作者合作密度图

Fig.32　Authors collaboration density map in *FM*

表15　*FM*高产作者发文量、平均年份与篇均被引频次

Table 15　Average publication year and average citations of high productive authors in *FM*

编号	作者	作者单位	论文数	平均年份	篇均被引
1	Galea, ER	英国格林尼治大学	19	2009.53	11.00
2	Babrauskas, V	美国消防科技公司	15	1996.67	28.13
3	Shields, TJ	英国阿尔斯特大学	14	2003.07	11.64
4	Lyon, RE	美国联邦航空局	13	2008.31	28.31
5	Hirschler, MM	美国GBH国际	12	2006.83	6.50
6	Horrocks, AR	英国波尔顿大学	12	2000.17	19.67
7	Quintiere, JG	美国马里兰大学	12	1997.08	14.00
8	Blomqvist, P	瑞典技术研究院	11	2010.18	8.09
9	Chow, W. K	香港理工大学	10	2008.30	4.40
10	Morgan, Alexander B	美国戴顿大学	10	2014.20	26.80
11	Schartel, Bernhard	德国联邦材料研究与测试研究所	10	2012.90	74.10

2）*FT*的作者产出与合作

*FT*的作者合作密度图见图33，TOP 10的高产作者见表16。同样以高产学者为核心，在*FT*上来自不同国家/地区的学者形成了各自的研究群落。来自米德尔伯里消防安全研究所的Watts, JM发文38篇，排在第一位。通过对该作者发表论文的分析，发现该作者为*FT*的编辑，在*FT*上发表的文章基本上都是编辑材料（Editorial Material），因此虽然排在第一位，但学术产出实际上并不是如此。在高产学者中，来自比利时根特大学的Merci, B发文15篇，排名第二。在高产学者中，Spearpoint, MJ和Torero, Jose L也表现突出。在这些高产学者中，Merci, B、Manzello, Samuel L以及Rein, Guillermo发表的论文平均都在2012年之后，属于近十年在*FT*上发文活跃的学者。从篇均被引角度来看，Gann, Richard G和Milke, JA的论文篇均被引都超过了8次，且排在前两位，属于*FT*上的高影响力作者。在*FT*的TOP 10作者中，仍然是由来自美国的学者主导，其他作者则主要来源于欧洲。我国在*FT*上发文的学者主要来源于中国科学技术大学，并以Lu Shouxiang、Sun Jinhua以及Liu Naian等为核心形成了不同的研究群落。在当前的分析中，以Liu Naian为核心的火灾研究团队与其他来自中国科学技术大学的团队在*FT*上的论文中暂无合作。

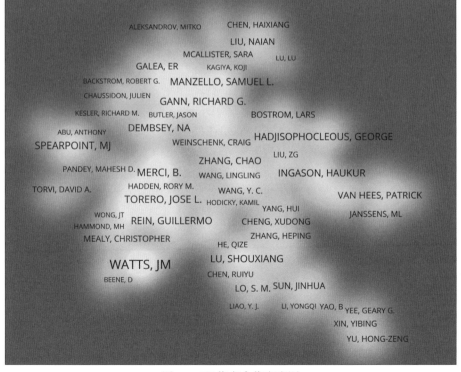

图 33　*FT* 作者合作密度图

Fig.33　Authors collaboration density map in *FT*

表16 FT高产作者发文量、平均年份与篇均被引频次
Table 16 Average publication year and average citations of high productive authors in FT

编号	作者	作者单位	论文数	平均年份	篇均被引
1	Watts, JM[a]	米德尔伯里消防安全研究所	38	1997.03	1.45
2	Merci, B	比利时根特大学	15	2015.80	4.27
3	Spearpoint, MJ	新西兰坎特伯雷大学	14	2011.57	3.14
4	Torero, Jose L	澳大利亚昆士兰大学	14	2010.43	7.14
5	Lattimer, Brian Y	美国弗吉尼亚理工学院	13	2012.77	7.15
6	Gann, Richard G	美国国家标准与技术研究所	12	2006.58	8.50
7	Ingason, Haukur	瑞典技术研究院	12	2012.17	6.83
8	Manzello, Samuel L	美国国家标准与技术研究所	12	2014.75	6.42
9	Hadjisophocleous, George	加拿大卡尔顿大学	11	2012.18	3.18
10	Milke, JA	美国马里兰大学	11	2002.27	8.45
11	Rein, Guillermo	英国帝国理工学院	11	2013.82	5.82

a. Watts, JM发表了33篇编辑材料（Editorial Material），反映了其虽然发文的总量达到了38篇，但实际的学术影响力不高

3）FSJ的作者产出与合作

FSJ的作者合作密度图见图34，TOP 10的高产作者分布见表17。来自英国爱丁堡大学的Drysdale, DD发文44篇，排在首位，随后依次是Ingason, Haukur和Merci, B，发文量都超过了30篇。在这些作者中，Merci, B、Manzello, Samuel L以及Wang, Y. C所发表的论文平均时间都在2010年之后，属于近十年来在FSJ上发文活跃的学者。相比而言，Drysdale, DD的发文总量虽然排在首位，但其整个论文的平均时间接近1994年，属于早期在FSJ上发表论文活跃的学者。从论文的篇均影响来看，Babrauskas, V、Ingason, Haukur以及Heskestad, G论文的篇均被引都超过了20次，排在前三位，反映这些作者所发论文的高影响力。在TOP 10的学者中，这些作者仍然主要来自英国和美国，我国的学者无缘TOP 10。在整个作者密度图中，我国在FSJ上发表论文的学者仍主要来源于中国科学技术大学，例如高产作者有Fan WC、Hu Longhua、Sun Jinhua和Wang Qingsong等。

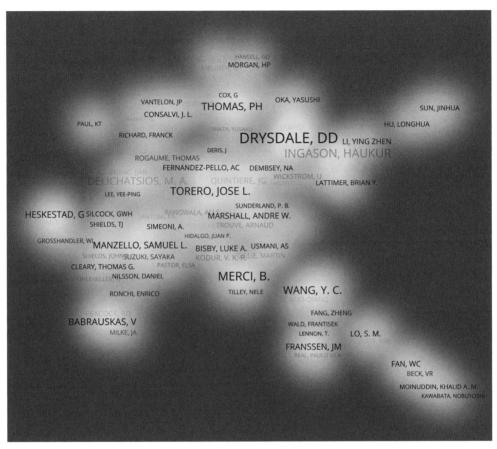

图 34　*FSJ* 作者合作密度图

Fig.34　Authors collaboration density map in *FSJ*

表17　*FSJ*高产作者发文量、平均年份与篇均被引频次

Table 17　Average publication year and average citations of high productive authors in *FSJ*

编号	作者	作者单位	论文数	平均年份	篇均被引
1	Drysdale, DD	英国爱丁堡大学	44	1993.86	10.34
2	Ingason, Haukur	瑞典RISE科学技术研究院	34	2009.38	23.97
3	Merci, B	比利时根特大学	33	2013.12	12.06
4	Torero, Jose L	澳大利亚昆士兰大学	28	2010.32	15.50
5	Wang, Y. C	英国曼彻斯特大学	28	2011.68	13.75
6	Delichatsios, M. A	英国阿尔斯特大学	27	2005.44	14.00
7	Thomas, PH	英国爱丁堡大学	26	1994.50	5.62
8	Babrauskas, V	美国消防科技公司	23	1994.48	26.70
9	Heskestad, G	美国FM全球公司	20	1994.50	23.10
10	Manzello, Samuel L	美国国家标准与技术研究所	20	2012.70	10.75

4）JFS的作者产出与合作

JFS作者的合作密度图见图35，TOP 10的高产作者见表18。来自英国阿伯丁大学的Jones, JC发文84篇，居于首位。我国香港理工大学的Chow, W. K在JFS发表论文53篇，排名第二。中国科学技术大学的Yang, Lizhong、Fan, WC以及Liao, Guangxuan，分别位列三至五位。在中国科学技术大学的高产学者中，Yang, Lizhong和Wang, Xishi的论文时间平均在2008年之后，相对而言比其他高产学者要活跃一些。从整个作者合作的密度图来看，我国学者的群落主要位于左侧，几乎占据了JFS作者的一半。在高产作者中，来自我国的机构（主要为中国科学技术大学和香港理工大学）有7位学者位列高产作者行列。整体上来看，我国学者已经成为JFS论文的主要贡献者，包含的核心作者有Chow, W. K、Yang, Lizhong、Fan, WC、Wang Jian、Lu Shouxiang以及Huang Hong等。

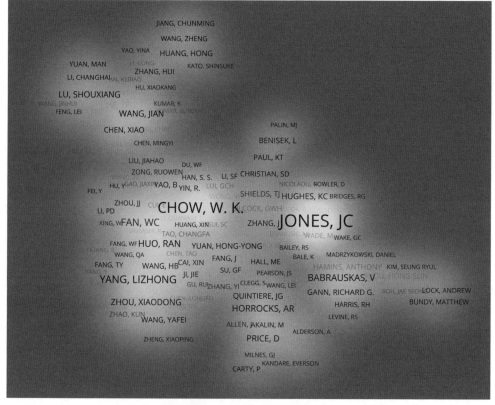

图 35　JFS 作者合作密度图

Fig.35　Authors collaboration density map in JFS

表18　*JFS*高产作者发文量、平均年份与篇均被引频次
Table 18　Average publication year and average citations of high productive authors in *JFS*

编号	作者	作者单位	论文数	平均年份	篇均被引
1	Jones, JC	英国阿伯丁大学	84	1999.96	2.43
2	Chow, W. K	香港理工大学	53	2001.53	8.57
3	Yang, Lizhong	中国科学技术大学	18	2008.89	4.72
4	Fan, WC	中国科学技术大学	15	2003.00	13.67
5	Liao, Guangxuan	中国科学技术大学	15	2007.07	9.67
6	Babrauskas, V	美国消防科技公司	11	2001.91	7.00
7	Huo, Ran	中国科学技术大学	11	2004.64	10.00
8	Li, Ying Zhen	瑞典技术研究院	10	2005.30	7.50
9	Horrocks, AR	英国波尔顿大学	9	1997.44	15.78
10	Hu, Longhua	中国科学技术大学	9	2007.11	9.00
11	Wang, Xishi	中国科学技术大学	9	2008.56	13.44

2.3　本章小结

本章对火灾科学整体科研产出、合作特征以及四大火灾期刊产出与合作进行了分析，全面展示了火灾科学研究产出与合作特征。

（1）火灾科学四大刊物的整体分析数据显示，1978~2018年国际火灾科学研究的论文产出呈显著增长趋势。在合作的时间序列上，作者、机构和国家/地区的合作亦呈增长趋势。特别是近年来，作者和机构的合著已经成为论文产出的主要形式。相比而言，虽然国家/地区层面的合作也在增长，但国家/地区独著论文仍是火灾科学研究产出的主要形式。

国家/地区、机构以及作者产出的分布是不平衡的，少数国家/地区、机构或作者的产出占据了大部分火灾科学产出的论文。美国、中国、英国、澳大利亚以及法国等是火灾科学研究的高产国家/地区。中国科学技术大学、美国国家标准与技术研究所、美国马里兰大学、英国爱丁堡大学以及英国阿尔斯特大学等是火灾科学研究的高产机构。Jones, JC（澳大利亚联邦大学）、Chow, W. K（香港理工大学）、Babrauskas, V（美国消防科技公司）、Merci, B（比利时根特大学）以及Drysdale, DD（英国爱丁堡大学等）是火灾科学研究中的高产学者。在分析产出的基础上，对高产主体的平均发文时间和篇均被引次数进一步进行了分析。在合作维度上，围绕着这些高产国家/地区、机构和学者形成了火灾科学研究不同维度的合作群落。

（2）四大刊物的产出与合作分析显示，四大期刊中除了*JFS*年度产出变化不

大之外，其余三大期刊的年度产出都呈显著增长趋势。在合作的时间序列分析中，四大期刊的作者和机构合作都呈增长趋势，其中*FM*、*FT*以及*FSJ*作者和机构论文合作的趋势尤为明显。国家/地区的合作论文虽有增长趋势，但独著论文的趋势更加明显，国家/地区独著仍是火灾科学论文的主要产出形式。

在国家/地区产出上，美国处于绝对优势的地位。在四大期刊上发表的论文数量都位于第一位。我国在*FM*、*FT*以及*JFS*上发表论文总量仅次于美国，排名第二。我国在*FSJ*上发文仅次于美国和英国，排名第三。英国则分别位列*FM*、*FT*和*JFS*的第三位，*FSJ*的第二位。美国、中国以及英国构成了世界火灾研究的三大中心。

在机构产出上，①*FM*的高产机构分别为美国国家标准与技术研究所、中国科学技术大学、英国阿尔斯特大学、英国格林尼治大学以及新西兰坎特伯雷大学等机构；②*FT*的高产机构有美国国家标准与技术研究所、中国科学技术大学、加拿大国家研究委员会、美国马里兰大学以及英国爱丁堡大学等；③*FSJ*的高产机构有美国国家标准与技术研究所、英国爱丁堡大学、美国马里兰大学、中国科学技术大学以及美国FM全球公司等；④*JFS*的高产机构为中国科学技术大学、英国阿伯丁大学、香港理工大学、北京理工大学以及法国国立里尔高等化学学院等。在分析机构产出的同时对机构的合作网络及其产出的时间和引证特征亦进行了讨论。

在作者的产出上，①*FM*高产作者有Galea, ER（英国格林尼治大学）、Babrauskas, V（美国消防科技公司）、Shields, TJ（英国阿尔斯特大学）、Lyon, RE（美国联邦航空局）以及Hirschler, MM（美国GBH国际）等；②*FT*的高产作者为Merci, B（比利时根特大学）、Spearpoint, MJ（新西兰坎特伯雷大学）、Torero, Jose L（澳大利亚昆士兰大学）、Lattimer, Brian Y（美国弗吉尼亚理工学院）以及Gann, Richard G（美国国家标准与技术研究所）等；③*FSJ*的高产作者有Drysdale, DD（英国爱丁堡大学）、Ingason, Haukur（瑞典RISE科学技术研究院）、Merci, B（比利时根特大学）、Torero, Jose L（澳大利亚昆士兰大学）以及Wang, Y. C（英国曼彻斯特大学）等；④*JFS*的高产作者为Jones, JC（英国阿伯丁大学）、Chow, W. K（香港理工大学）、Yang, Lizhong（中国科学技术大学）、Fan, WC（中国科学技术大学）以及Liao, Guangxuan（中国科学技术大学）。在分析中，对作者的合作及高产作者的产出时间和引证特征亦进行了讨论。

通过本章的分析，火灾科学共同体或对火灾科学感兴趣的学者可以全面快速地认识火灾科学产出和合作的模式，了解火灾的"核心圈"都有哪些国家/地区、机构以及作者。这对认识不同机构之间的差距，寻求火灾科学研究的合作有一定的指导意义。

第 3 章　火灾科学热点主题学术地图

3.1　火灾科学主题的整体分布

　　火灾科学研究主题是火灾研究内容的直观反映，高频主题则在一定程度上反映了火灾科学研究的热点。本章采用自然语言处理和文本主题挖掘的方法，从四大火灾科学期刊论文的标题和摘要中识别了65695个主题词。筛选了频次不小于10次（1852个主题），且主题相关得分（relevance score）前60%的1111个主题构建主题学术地图，结果如图36。图中节点和标签的大小与对应主题的词频大小成正比，词频越高则节点与标签越大。

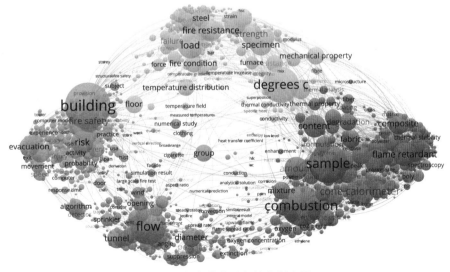

图 36　火灾科学研究的主题聚类

Fig.36　Terms cluster of fire science research

对提取的1111个主题词进行统计分析，如图37。结果显示，火灾科学高频主题呈幂律分布特征，大量的主题词处在低频区域。在所提取的主题中，频次不小于100次的主题见表19。高频主题包含了建筑（building）、燃烧（combustion）、样品（sample）、摄氏度（degrees C）、流动（flow）、锥形量热仪（cone calorimeter）、荷载（load）、阻燃剂（flame retardant）等高频主题词。这些高频词是火灾科学研究人员在标题和摘要中经常使用的主题，虽然在火灾领域内部主题的区分性较低，但也反映了与火灾领域研究热点关联密切的主题。

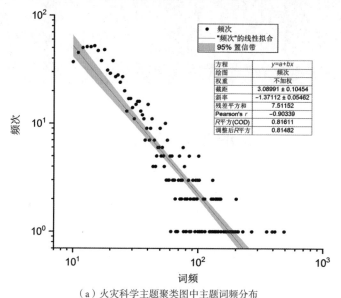

（a）火灾科学主题聚类图中主题词频分布

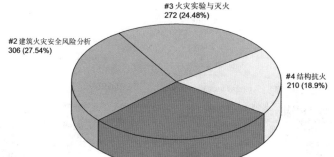

（b）火灾科学主题聚类的规模分布

图37　火灾科学主题词频与聚类规模分布

Fig.37　Distribution of terms frequencies and clusters in fire science

表19 火灾科学研究的高频主题词
Table 19 High frequency terms in fire science research

主题词（英文）	主题词（中文）	聚类	词频	主题词（英文）	主题词（中文）	聚类	词频
Building	建筑	#2	490	Pyrolysis	热解	#1	144
Combustion	燃烧	#1	414	CFD	计算流体力学	#3	142
Sample	样品	#1	395	Group	组	#2	142
Degrees C	摄氏度	#4	357	Mass Loss Rate	质量损失率	#1	140
Flow	流动	#3	356	Degradation	降解	#1	139
Cone Calorimeter	锥形量热仪	#1	269	Temperature Distribution	温度分布	#4	139
Load	荷载	#4	229	High Temperature	高温	#4	138
Flame Retardant	阻燃剂	#1	210	Issue	问题	#2	138
Amount	数量	#1	208	Resistance	抵抗	#4	137
Content	含量	#1	202	Event	事件	#2	135
Risk	风险	#2	202	Oxygen Index	氧指数	#1	132
Polymer	聚合物	#1	201	Thermogravimetric Analysis	热重分析	#1	132
Velocity	速度	#3	197	Fire Source	火源	#3	131
Fire Resistance	抗火	#4	195	Formulation	配方	#1	131
Fire Safety	火灾安全	#2	193	Improvement	改进	#1	131
Elevated Temperature	升温	#4	190	Capacity	容量	#4	130
Specimen	样品	#4	187	Char	炭化	#1	128
Composite	复合物	#1	184	Flame Retardancy	阻燃性	#1	128
Reaction	反应	#1	182	kW/m^2	（功率单位）	#1	126
Flammability	易燃性	#1	180	Opening	开口	#3	125
Strength	强度	#4	179	Algorithm	算法	#2	124
Safety	安全	#2	178	Species	种	#1	114
Tunnel	隧道	#3	170	Beam	梁	#4	113
Fire Performance	防火性能	#4	168	Foam	泡沫	#1	113
Evacuation	疏散	#2	166	Additive	添加剂	#1	110
Concrete	混凝土	#4	163	Occupant	居住者	#2	110
Diameter	直径	#3	162	Decomposition	分解	#1	109
Formation	形成	#1	161	Column	柱	#4	108
Failure	故障/失误	#4	153	Loading	加载	#4	107
Agent	主体	#1	152	Sensor	传感器	#2	104
Steel	钢	#4	152	Sprinkler	喷淋	#3	103
Fabric	纺织物	#1	150	Furnace	熔炉	#4	102
Person	人	#2	150	Section	部分	#4	102
Floor	地板	#4	149	Treatment	处理	#1	102
Pool Fire	池火	#3	149	Measure	测量	#2	101
Ceiling	天花板	#3	148	Movement	运动	#2	101
Fire Condition	火情	#4	148	Oxygen	氧气	#1	101
Compound	化合物	#1	146	Probability	概率	#2	101
Mechanical Property	机械性能	#4	145	Speed	速度	#2	101
Mixture	混合物	#1	144	FDS	火灾动力学模拟	#3	100

　　主题与主题之间的相似程度使用欧氏距离来进行测度，通过网络聚类的方法对主题进行分类，并使用不同的颜色标识。火灾科学研究的主题聚类可以划分为4个聚类，根据各类中包含的主题词，综合判断为各类进行命名：聚类#1 材料热解、着火及燃烧参数测试（●）、聚类#2 建筑火灾安全风险分析（●）；聚类#3 火灾实验与灭火（●）和聚类#4 结构抗火（○）*，各聚类中的高频主题词参见表20。

　　为了进一步获取更为详细的聚类，在默认聚类分辨率为1的基础上，将聚类分辨率提高到1.2以获取更多聚类。从原聚类#1 材料热解、着火及燃烧参数测试将主题进一步进行了分离，如图38。

表20　火灾科学研究各类高频主题词
Table 20　High frequency terms in each cluster in fire science research

聚类#1 材料热解、着火及燃烧参数测试		聚类#2 建筑火灾安全风险分析		聚类#3 火灾实验与灭火		聚类#4 结构抗火	
主题词	词频	主题词	词频	主题词	词频	主题词	词频
Combustion	414	Building	490	Flow	356	Degrees C	357
Sample	395	Risk	202	Velocity	197	Load	229
Cone Calorimeter	269	Fire Safety	193	Tunnel	170	Fire Resistance	195
Flame Retardant	210	Safety	178	Diameter	162	Elevated Temperature	190
Amount	208	Evacuation	166	Pool Fire	149	Specimen	187
Content	202	Person	150	Ceiling	148	Strength	179
Polymer	201	Group	142	CFD	142	Fire Performance	168
Composite	184	Issue	138	Fire Source	131	Concrete	163
Reaction	182	Event	135	Opening	125	Failure	153
Flammability	180	Algorithm	124	Sprinkler	103	Steel	152
Formation	161	Occupant	110	FDS	100	Floor	149
Agent	152	Sensor	104	Plume	99	Fire Condition	148
Fabric	150	Measure	101	Scale Experiment	99	Mechanical Property	145
Compound	146	Movement	101	Width	98	Temperature Distribution	139
Mixture	144	Probability	101	Angle	96	High Temperature	138
Pyrolysis	144	Speed	101	Flow Rate	96	Resistance	137
Mass Loss Rate	140	Activity	92	Wind	86	Capacity	130
Degradation	139	Strategy	91	Flame Height	82	Beam	113
Oxygen Index	132	Cause	85	Extinction	80	Column	108
Thermogravimetric Analysis	132	Detection	85	Suppression	76	Loading	107
Formulation	131	Practice	84	Numerical Study	75	Furnace	102
Improvement	131	Detector	79	Oxygen Concentration	70	Section	102

---

* 在本研究中聚类编号从 1 到 n，编号越小代表所在类中包含成员越多。聚类中成员越多，从一定程度也反映了对应聚类在整个领域越重要。

续表

聚类#1 材料热解、着火及燃烧参数测试		聚类#2 建筑火灾安全风险分析		聚类#3 火灾实验与灭火		聚类#4 结构抗火	
主题词	词频	主题词	词频	主题词	词频	主题词	词频
Char	128	Injury	77	Diffusion Flame	68	Assembly	95
Flame Retardancy	128	Door	76	Fire Plume	65	Force	94
kW/m^2	126	Case Study	75	Smoke Layer	64	Slab	85
Species	114	Fire Detection	73	Spray	64	Finite Element Model	84
Foam	113	Community	72	Water Mist	64	Frame	84
Additive	110	Regulation	71	Zone Model	62	Cross Section	81
Decomposition	109	Subject	70	Nozzle	60	Connection	78
Treatment	102	Life	66	Extinguishment	58	Fire Exposure	78
Oxygen	101	Fire Risk	65	Tunnel Fire	58	Stress	76
Atmosphere	99	Survey	63	Droplet	57	Member	74
Toxicity	98	Death	62	Burning Rate	56	Ambient Temperature	71
Thermal Property	96	Fire Safety Design	62	Convection	55	Parametric Study	63
Poly	94	NIST	62	Fire Size	55	Room Temperature	58
Nitrogen	92	Experience	61	Smoke Movement	55	Timber	57
Emission	91	National Institute	60	Water Spray	55	Compressive Strength	55
Thermal Stability	91	USA	60	Simulation Result	54	Standard Fire	50
Mass Loss	88	Decision	59	Pool	52	Temperature Field	50
Fourier	87	Management	57	Vent	51	Thermal Conductivity	50
Rating	87	Benefit	55	Fire Suppression	48	Conductivity	49
Peak Heat Release Rate	85	Incident	55	Pan	45	Deformation	49
Resin	85	Population	55	Firebrand	44	Fibre	49
Coating	82	Smoke Detector	55	Enclosure Fire	43	Glass	49
Spectroscopy	79	House	54	Sprinkler System	43	Fire Compartment	48
Fire Retardant	78	Signal	54	Bed	42	Strain	48
Yield	78	Exit	53	Flame Spread Rate	41	Stiffness	47
Calorimeter	76	Guidance	53	Flame Temperature	41	Tensile Strength	46
Combustion Product	76	Route	53	Heat Loss	41	Collapse	45
Fiber	76	User	53	Jet	41	Deflection	45
Oxide	75	Accident	52	Liquid Fuel	40	Steel Structure	45
Weight	74	Clothing	52	Mass Flow Rate	40	Experimental Test	44
Phosphorus	73	Engineer	52	Entrainment	37	Structural Behaviour	43
Polypropylene	73	Overview	52	Evaporation	37	Integrity	42
Ammonium Polyphosphate	72	Decade	51	Momentum	37	Failure Mode	41

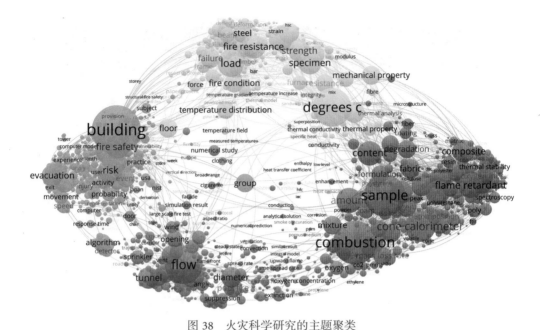

图 38 火灾科学研究的主题聚类

Fig.38 Terms cluster of fire science research with higher cluster resolution

3.2 火灾科学主题的叠加分析

3.2.1 全局主题趋势与影响叠加

在采集的火灾期刊论文中，每一篇论文都对应了出版时间（PY）、使用次数[*]（U1和U2）以及被引频次（TC）。在分析中，可以在进行主题分析的同时，来计算主题出现的平均时间、使用次数以及被引等指标，以探究主题在多维度的分布特征。

对火灾论文主题的平均时间进行计算，并叠加在全局主题分布图中，如图39。图中主题节点的颜色从白色向红色渐变，表示对应主题平均时间的增加。在主题分布图中，主题的平均时间越大，则代表研究主题越接近现在。从主题的平均时间叠加图不难得出，在整个火灾科学研究中，聚类#4 结构抗火是近期研究最为活跃的聚类。进一步对各个聚类中包含的活跃主题总结如下：

---

[*] 在 Web of Science 的数据字段中包含了每一篇论文的使用次数，分别使用 U1 和 U2 来进行标记。U1 表示最近 180 天的使用次数；U2 表示 2013 年至今的使用次数。

（1）聚类#1 材料热解、着火及燃烧参数测试中的活跃主题有Composite（复合物）、Mass Loss Rate（质量损失率）、Thermal Property（热性能）、Thermal Stability（热稳定性）、Mass Loss（质量损失）、Fourier（傅里叶）、Rating（评级）、Peak Heat Release Rate（热释放速率峰值）、Spectroscopy（光谱）、Ammonium Polyphosphate（聚磷酸铵）、Residue（残留物）、Morphology（形态学）、Thermal Analysis（热分析）、Electron Microscopy（电子显微镜）、Intumescent Coating（膨胀涂层）、FTIR（傅里叶变换红外光谱）、Incorporation（合并）以及Synergistic Effect（协同效应）等。

（2）聚类#2 建筑火灾安全风险分析中的活跃主题包含Evacuation（疏散）、Person（人）、Event（事件）、Speed（速度）、Injury（伤害）、Door（门）、Incident（事件）、Guidance（指南）、Accident（事故）、Emergency（应急）、Database（数据库）、Individual（个人）、Participant（参与者）、Firefighter（消防员）、High Rise Building（高层建筑）、Threat（威胁）、Video（视频）、Disaster（灾害）、Age（年龄）、Stair（楼梯）、Visibility（能见度）、Fire Service（消防服务）、Scene（场景）、Health（健康）以及Fatality（死亡）等。

（3）聚类#3 火灾实验与灭火中的活跃主题有Tunnel（隧道）、Diameter（半径）、CFD（计算流体力学）、Opening（开口）、FDS（火灾动力学模拟）Scale Experiment（尺寸实验）、Width（宽度）、Angle（角度）、Flow Rate（流速）、Wind（风）、Flame Height（火焰高度）、Suppression（抑制）、Oxygen Concentration（氧浓度）、Nozzle（喷嘴）、Tunnel Fire（隧道火灾）、Burning Rate（燃烧速率）、Flame Spread Rate（火焰传播速度）、Flame Temperature（火焰温度）、Mass Flow Rate（质量流率）、Wind Speed（风速）、Ventilation System（通风系统）、Buoyancy（浮力）、Wildland Fire（野火）以及Ventilation Velocity（通风速度）等。

（4）聚类#4 结构抗火中涉及的活跃主题有Elevated Temperature（升温）、Specimen（样品）、Strength（强度）、Concrete（混凝土）、Failure（失效）、Mechanical Property（机械性能）、High Temperature（高温）、Beam（梁）、Column（柱）、Loading（加载）、Slab（厚板）、Finite Element Model（有限元）、Frame（框架）、Cross Section（横截面）、Connection（连接）、Fire Exposure（火灾暴露）、Stress（压力）、Room Temperature（室温）、Compressive Strength（抗压强度）、Standard Fire（标准火）、Thermal Conductivity（导热系数）、Deformation（变形）等。

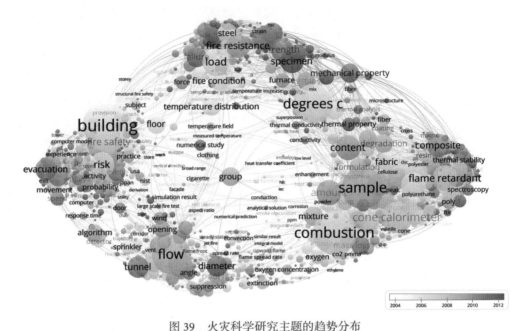

图 39　火灾科学研究主题的趋势分布

Fig.39　Distribution of new emerge terms in the terms map of fire science

　　以上的这些主题不仅出现频次高，而且平均时间也接近当前，反映了当前一段时期火灾科学研究的新增长点（当然，其中有一些主题在各个时期都受到了高度关注）。在此基础上，利用Web of Science数据库中提供的论文被引用次数的数据，对主题的使用情况进行分析，以探索火灾科学研究者对相关论文的使用行为。图40中展示了最近180天以来，相关研究主题的论文被用户使用的情况，图41则展示了2013年以来相关主题被用户使用的情况。从主题的使用情况来看，无论是近180天以来，还是自2013年以来，火灾科学研究者通过Web of Science平台使用聚类#1 材料热解、着火及燃烧参数测试方面的主题论文最多，主要包含了Binder（黏合剂）、Nuclear Magnetic Resonance（核磁共振）、Urea（尿素）、Nanoclay（纳米黏土）、Red Phosphorus（红磷）、Vertical Burning Test（垂直燃烧试验）、Ammonium Polyphosphate（聚磷酸铵）、Polycarbonate（聚碳酸酯）、Limited Oxygen Index（极限氧指数）、Flame Retardancy（阻燃性）、Phosphorus（磷）、X-ray Photoelectron Spectroscopy（X射线光电子能谱）等。此外，在聚类#2中疏散、聚类#3中隧道火灾以及聚类#4中力学性能的使用也要显著高于对应聚类中的其他主题。

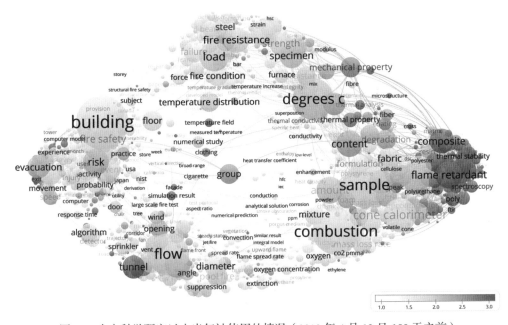

图 40　火灾科学研究过去半年被使用的情况（2019 年 4 月 12 日 180 天之前）

Fig.40　Usage of each term in fire research in the past 180 days (start from 2019-04-12)

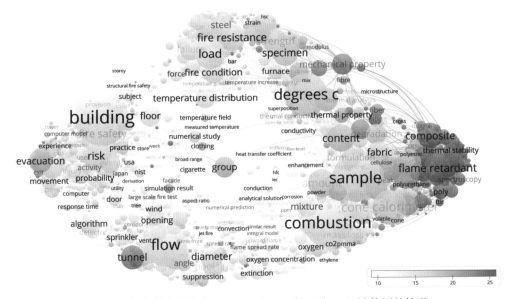

图 41　火灾科学研究自 2013 年到 2019 年 4 月 12 日被使用的情况

Fig.41　Usage of each term in fire research from 2013 to 2019-04-12

论文的被引次数是评价论文影响力的重要指标之一。在主题时间和使用分布的基础上，进一步计算每个主题在所有论文中的平均被引频次，来测度不同主题在火灾科学领域中的影响力，如图42。图中节点的大小表示不同主题的频次，节点的颜色从白色向红色渐变，表示了主题被引频次从小到大的变化。结果显示，火灾研究高影响论文主要集中在聚类#1 材料热解、着火及燃烧参数测试领域中。此外，在聚类#2中疏散的研究、聚类#3中关于隧道火灾的研究以及在聚类#4中与混凝土相关的结构抗火等研究主题在火灾研究中亦具有高的影响力。

在以往的研究中，主题平均时间距离现在较近的主题，对应论文的平均影响力（篇均被引次数）也较低，而平均时间距离现在远的主题平均影响力要高。这主要是由于论文引证的时间累积效应。然而在火灾科学主题的分析中，高影响的主题与新兴主题有很多重合之处，这反映火灾科学研究作为一门解决现实问题的学科，其知识更新速度相对更快，新兴的主题也更容易成长为高影响力研究。

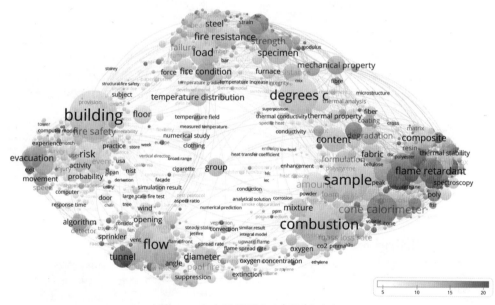

图 42　火灾科学研究主题影响分布

Fig.42　Distribution of average citations of each term in fire science

3.2.2　期刊研究主题全局叠加

期刊主题的全局叠加分析是指将单个期刊所贡献的主题叠加在整个火灾研究主题图上，以探究各个期刊在全局主题叠加图上的分布。分别对四大火灾科学期刊的主题进行叠加，生成的叠加结果见图43至图46。结果显示，*Fire and Materials*

（*FM*）的研究主题集中分布在聚类#1 材料热解、着火及燃烧参数测试中。*Fire Safety Journal*（*FSJ*）的研究主要分布在聚类#3 火灾实验与灭火和聚类#4 结构抗火的研究中。*Fire Technology*（*FT*）的研究主要集中在聚类#2 建筑火灾安全风险分析领域。*Journal of Fire Sciences*（*JFS*）的研究主要集中在聚类#1 材料热解、着火及燃烧参数测试领域。在整个主题分布上，期刊*FM*和*JFS*在研究上的相似度最高，*FM*的主题要比*JFS*更加广泛一些。*FSJ*和*FT*的主题分布相似，主要分布在主题图的左侧。由于*FSJ*的数据占到了总样本数据的39.13%，因此在整个火灾主题图上的分布要更加广泛。

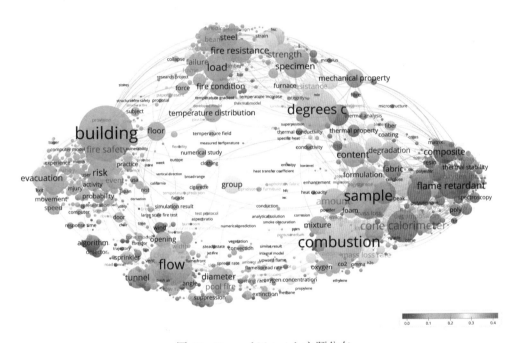

图 43　*Fire and Materials* 主题分布

Fig.43　Terms overlay of *Fire and Materials* on the global terms map

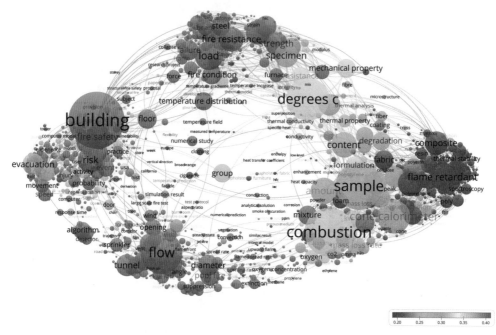

图 44　*Fire Safety Journal* 主题分布

Fig.44　Terms overlay of *Fire Safety Journal* on the global terms map

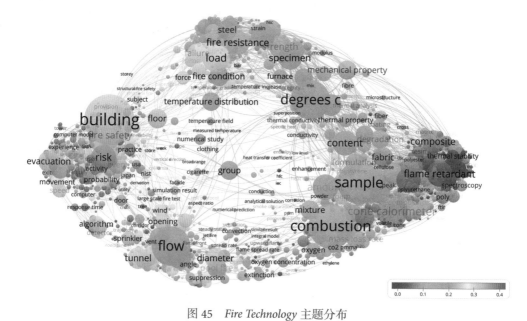

图 45　*Fire Technology* 主题分布

Fig.45　Terms overlay of *Fire Technology* on the global terms map

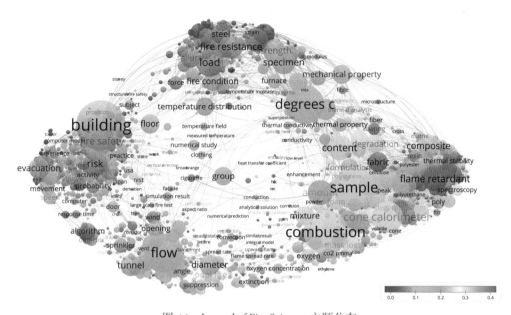

图 46 *Journal of Fire Sciences* 主题分布

Fig.46　Terms overlay of *Journal of Fire Sciences* on the global terms map

3.2.3 国家 / 地区研究主题全局叠加[*]

国家/地区主题的全局叠加是将某个国家/地区的研究主题叠加在整个火灾科学研究主题图上的分析方法。在国家/地区主题叠加图中，节点越接近红色，则代表国家/地区在对应的主题上的研究越活跃。发文量排名前三的国家/地区（美国、中国、英格兰）的主题叠加分析结果见图47至图49。美国火灾科学研究的主题范围相比其他国家要更加广泛，在各个主题类中都有活跃的研究主题。我国的火灾科学研究则主要集中在右侧的材料热解、着火及燃烧参数测试领域（特别是材料方面）。此外，我国在结构抗火特性与火灾实验分析方面的研究也比较活跃。由于英格兰发文相对中国和美国要少，主题叠加分布并不明显。因此，将叠加分数显示的刻度进一步细化为0~0.2。结果显示，英格兰火灾研究主要分布在结构抗火和建筑火灾安全风险分析领域，在材料热解、着火及燃烧参数测试领域表现也比较活跃。

---

* 在叠加图中，读者在判断某个国家 / 地区、机构等活跃程度时需要注意其色带的变化范围。在一些叠加图分析中，为了使得叠加主题变化更加清晰地呈现出来，我们对刻度进行了不同的设置。

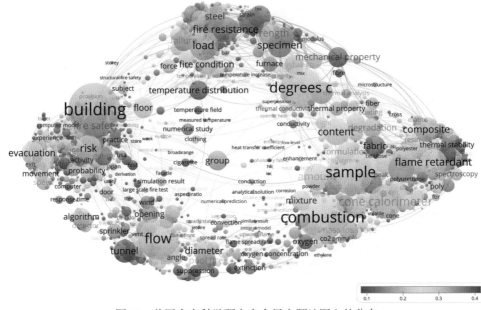

图 47 美国火灾科学研究在全局主题地图上的分布

Fig.47 Terms overlay of USA on the global terms map

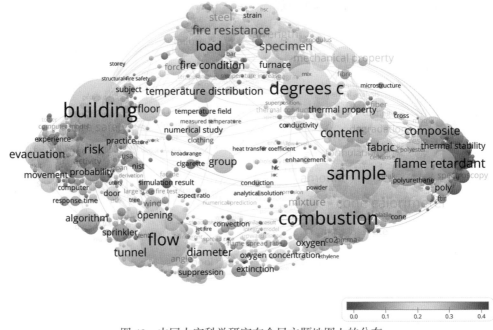

图 48 中国火灾科学研究在全局主题地图上的分布

Fig.48 Terms overlay of China on the global terms map

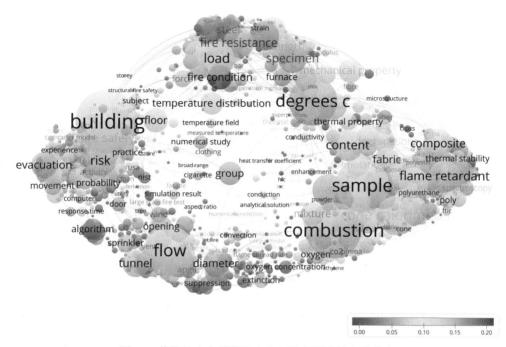

图49 英格兰火灾科学研究在全局主题地图上的分布

Fig.49 Terms overlay of England on the global terms map

3.2.4 大学研究主题全局叠加

论文产出排名前三的大学火灾研究主题的叠加如图50至图52。中国科学技术大学的研究主题集中在火灾实验与灭火领域中，对材料热解、着火及燃烧参数测试以及建筑火灾安全风险分析也有较高的关注度，在结构抗火方面的研究相对要薄弱。美国马里兰大学的火灾研究分布在火灾实验与灭火领域，英国爱丁堡大学的火灾研究主要分布在全局主题地图的左侧，涉及结构抗火、建筑火灾以及火灾实验与灭火研究方面。

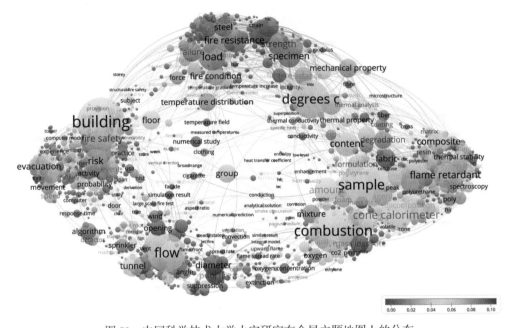

图 50　中国科学技术大学火灾研究在全局主题地图上的分布

Fig.50　Terms overlay of University of Science and Technology in China on the global terms map

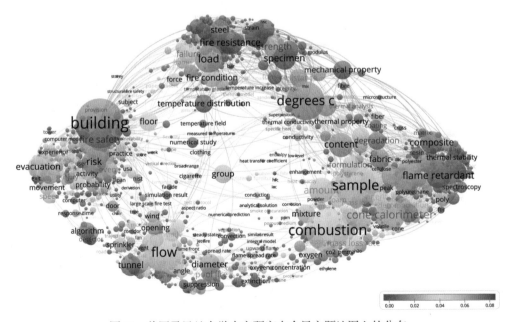

图 51　美国马里兰大学火灾研究在全局主题地图上的分布

Fig.51　Terms overlay of the University of Maryland on the global terms map

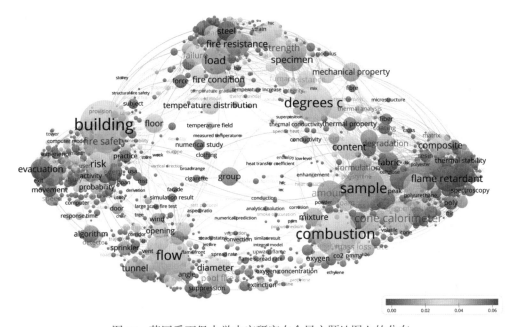

图 52　英国爱丁堡大学火灾研究在全局主题地图上的分布
Fig.52　Terms overlay of the University of Edinburgh on the global terms map

3.3　火灾科学主题的期刊分布

期刊的主题叠加展示了特定期刊主题在全局主题地图上的分布情况，对认识特定期刊主题与全局主题地图的对应关系有重要参考价值。在以上分析的基础上，进一步对特定期刊的主题进行分析，以从本地数据层面来认识四大火灾期刊的主题研究分布。

下面从三个方面对每一本期刊的主题学术地图进行分析：首先对期刊的主题聚类进行分析，来探究期刊主题的分布和结构；其次是对主题的平均时间进行分析，来探究特定期刊所关注的主题时间趋势；最后，通过主题的篇均引证，来对高影响力主题进行分析。

3.3.1　*FM* 主题分析

对*FM*主题聚类和叠加分析的结果如图53，各类中的高频主题如表21。*FM*的主题经过聚类后，被划分为三个部分，分别为聚类#1 建筑火灾安全与风险（仿真、模拟、疏散等）、聚类#2 阻燃材料与热解以及聚类#3 结构抗火。在时间分布上，建筑火灾的研究主题相对有"变冷"的趋势，阻燃材料与热解的研究在近期比较活跃。在主题的影响分布方面，阻燃材料与热解相关的主题平均被引频次显然要高于其他两个聚类。相比而言，与材料相关的研究更新速度要比其他火灾领域快，因此在客观上导致了其论文的产出和被引频次都比较高。

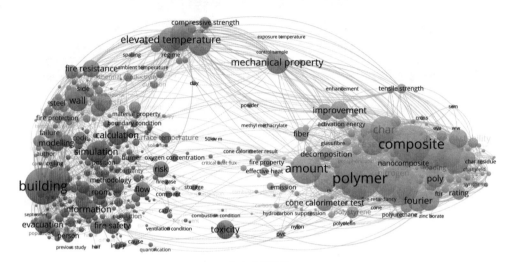

（a）主题聚类

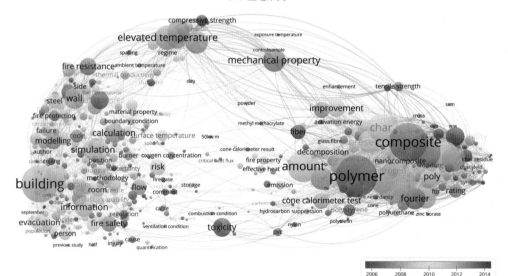

（b）主题平均年份分布

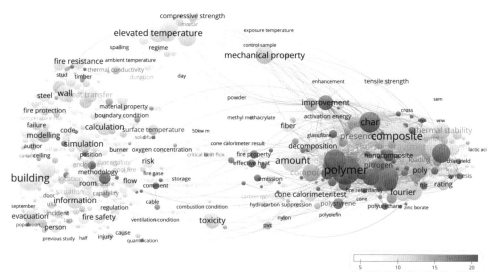

（c）主题篇均被引分布

图 53　*FM* 主题学术地图

Fig.53　Terms map of *FM*

表21　*FM*期刊各聚类高频主题

Table 21　High frequency terms of each cluster in *FM*

聚类名称	主题词（频次）
聚类#1 建筑火灾安全与风险（仿真、模拟、疏散等）	Building（85），Response（52），Simulation（48），Information（46），Calculation（45），Toxicity（44），Evacuation（39），Modelling（38），Fire Safety（37），Risk（37），Flow（35），Situation（34），Room（32），Compartment（31），Fire Scenario（31），Issue（31），Account（30），Code（30），Scenario（30）
聚类#2 阻燃材料与热解	Polymer（96），Flame Retardant（92），Composite（89），Amount（72），Flammability（68），Thermogravimetric Analysis（66），Char（63），Flame Retardancy（57），Oxygen Index（55），Presence（52），Compound（51），Formation（49），Fourier（49），Spectroscopy（48），Thermal Stability（44），Poly（43），Improvement（42），Agent（40），Additive（38），Resin（38），Cone Calorimeter Test（37），Decrease（37），Nitrogen（37），Phosphorus（36），Fire Retardant（35），Peak Heat Release Rate（34），Fiber（33），Decomposition（32），Rating（32），Nanocomposite（30），Oxide（30）
聚类#3 结构抗火	Elevated Temperature（56），Concrete（53），Mechanical Property（53），High Temperature（52），Strength（49），Wall（49），Heat Transfer（41），Fire Resistance（40），Assembly（36），Fire Condition（34），Steel（33），Load（32），Floor（27），Good Agreement（27），Compressive Strength（26），Failure（26），Side（26），Construction（25），Fire Protection（25），Member（25），Stress（25），Fire Exposure（22），Beam（21），Frame（21），Thermal Conductivity（21），Material Property（20），Modulus（20）

3.3.2　*FT* 主题分析

　　*FT*的研究主题聚类及叠加如图54，各类中的高频主题如表22。*FT*的研究主题被划分为四类，分别为聚类#1 火灾安全与疏散、聚类#2 火灾实验、模拟与灭

火技术、聚类#3 抗火研究以及聚类#4 火灾探测技术。在主题的时间分布上，聚类#2 火灾实验、模拟与灭火技术和聚类#3 抗火研究是该刊近年来的活跃主题领域。特别是在火灾安全的研究中，疏散成为火灾安全领域近年来的新兴研究点。在主题图中，结构抗火研究主题的平均影响力要高于其他主题群。

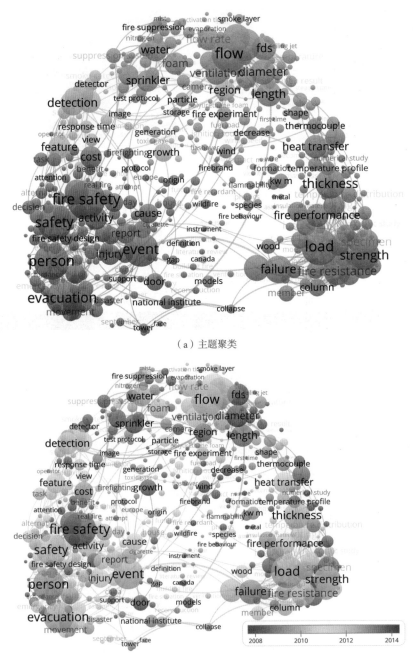

（a）主题聚类

（b）主题平均年份分布

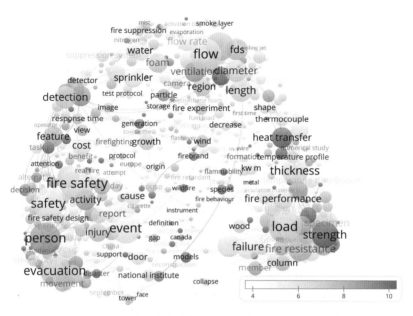

（c）主题篇均被引分布

图54 *FT*主题学术地图

Fig.54 Terms map of *FT*

表22 *FT*期刊各聚类高频主题

Table 22 High frequency terms of each cluster in *FT*

聚类名称	主题词（频次）
聚类#1 火灾安全与疏散	Fire Safety（60）, Person（55）, Safety（54）, Evacuation（53）, Event（53）, Measure（38）, Activity（35）, Cost（34）, Occupant（33）, Injury（32）, Group（31）, Report（31）, Cause（30）, Speed（30）, Life（29）, Case Study（27）, Community（27）, Door（27）, Engineer（27）, Movement（27）, Firefighter（25）, Home（25）, Population（25）
聚类#2 火灾实验、模拟与灭火技术	Flow（55）, Velocity（50）, Ceiling（42）, Diameter（39）, Length（39）, FDS（38）, Ventilation（35）, Water（35）, Flow Rate（34）, Foam（34）, Sprinkler（33）, Pool Fire（32）, Agent（31）, Fire Source（29）, CFD（25）, Fire Experiment（23）, Suppression System（23）, Angle（22）, Gas Temperature（22）, Numerical Simulation（22）, Particle（22）, Wind（22）, Extinguishment（21）, Shape（21）
聚类#3 抗火研究	Load（56）, Thickness（46）, Strength（45）, Failure（42）, Fire Resistance（42）, Construction（40）, Specimen（38）, Heat Transfer（36）, Fire Performance（35）, Elevated Temperature（34）, Capacity（33）, Heating（33）, Beam（31）, Good Agreement（31）, Insulation（30）, Panel（30）, Steel（30）, Fire Exposure（29）, High Temperature（28）, Assembly（27）, Column（27）, Concrete（27）, Resistance（27）, Member（25）, Temperature Distribution（25）
聚类#4 火灾探测技术	Detection（39）, Algorithm（36）, Feature（35）, Sensor（35）, Region（32）, Growth（28）, Fire Detection（26）, Detector（22）, Camera（20）, Response Time（20）, Signal（20）, View（20）, Smoke Detector（19）, Object（18）, Generation（17）, Image（17）, Video（16）, Sensitivity（14）, World（14）, Emission（13）, Canada（12）, Fire Detector（12）

3.3.3　*FSJ* 主题分析

　　*FSJ*的主题聚类与叠加分析如图55，各类中高频主题如表23。*FSJ*的主题经过聚类后，被划分为四大类，分别为聚类#1 火灾特性实验、聚类#2 建筑火灾安全与风险、聚类#3 结构抗火以及聚类#4 着火过程与热解。在*FSJ*上，聚类#3 结构抗火是当前新兴研究领域。此外，聚类#1 火灾特性实验中的隧道火灾研究、聚类#2 建筑火灾安全与风险中的疏散研究亦是*FSJ*的新兴研究热点。从主题来看，在聚类#2中的疏散研究、聚类#1中的隧道火灾研究和聚类#3中的结构强度研究在主题图中具有高的影响力。

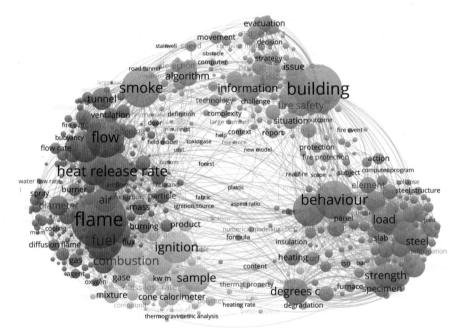

（a）主题聚类

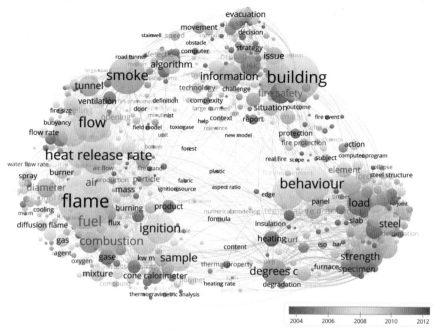

（b）主题平均年份分布

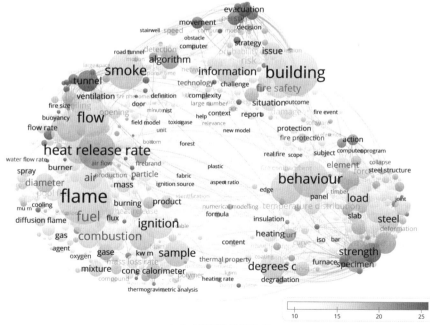

（c）主题篇均被引分布

图55　*FSJ* 主题学术地图

Fig.55　Terms map of *FSJ*

表23　*FSJ*期刊各聚类高频主题

Table 23　High frequency terms of each cluster in *FSJ*

聚类名称	主题词（频次）
聚类#1 火灾特性实验	Flame（271）,Flow（182）,Heat Release Rate（180）,Fuel（176）,Velocity（136）,Correlation（130）, Air（111）, Concentration（95）, Tunnel（95）, Radiation（93）, Diameter（85）, Ceiling（72）, Plume（68）, Pool Fire（68）, Fire Source（64）, Mass（64）, Wind（62）, Particle（60）, Gas Temperature（59）, Ventilation（59）, Angle（57）, Gas（57）, Opening（57）, Burning（56）, Sprinkler（55）, Extinction（54）, Burner（53）, Flux（50）
聚类#2 建筑火灾安全与风险	Building（226）, Smoke（178）, Information（111）, Fire Safety（92）, Risk（89）, Tool（89）, Safety（88）, Algorithm（85）, Issue（77）, Event（68）, Situation（67）, Damage（64）, Evacuation（60）,Knowledge（60）, Probability（59）, Person（57）, Detection（52）,Sensor（51）, Detector（50）, Measure（50）
聚类#3 结构抗火	Behaviour（174）, Fire Test（148）, Degrees C（116）, Load（115）, Strength（107）, Steel（101）, Fire Resistance（100）,Elevated Temperature（98）,Concrete（88）,Fire Condition（87）, Capacity（76）, Failure（76）, Column（73）, Temperature Distribution（69）, Element（68）, Specimen（68）, Beam（67）, Heating（67）, Test Result（67）, Exposure（62）, Force（62）, Curf（55）, High Temperature（54）, Section（49）, Mechanical Property（48）, Slab（48）, Action（46）
聚类#4 着火过程与热解	Ignition（143）, Combustion（133）, Sample（122）, Heat Flux（115）, Mixture（68）, Cone Calorimeter（67）, Gas（67）, Mass Loss Rate（57）, Product（57）, Pyrolysis（56）, Reaction（54）, Heat Release（51）, Apparatus（45）, Species（45）, kW/m^2（44）, Emission（41）,Polymer（39）, Flammability（38）, Degradation（35）, Insulation（35）,Yield（35）, Atmosphere（34）, Characterization（34）, Content（34）, Surface Temperature（34）, Mass Loss（31）, Material Property（31）, Thermal Property（30）

3.3.4　*JFS* 主题分析

　　*JFS*的研究主题聚类和叠加结果如图56，各类中的高频主题参见表24。通过分析得到*JFS*主题的三大聚类分别为：聚类#1 火实验分析、聚类#2 阻燃分析以及聚类#3 实验材料、方法和技术。在时间分布上聚类#1 火实验分析和聚类#2 阻燃分析是该刊的热点主题。相对而言，主题结构图中间的实验材料、方法和技术类并不活跃。主题影响分布显示，位于右侧的聚类#2 阻燃分析具有高的影响力。

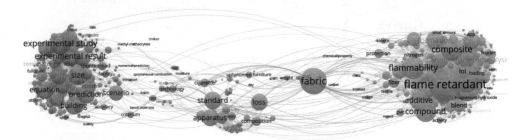

（a）主题聚类

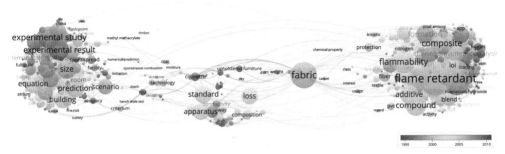

（b）主题平均年份分布

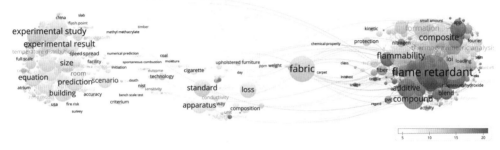

（c）主题篇均被引分布

图 56 JFS 主题学术地图

Flg.56 Terms map of *JFS*

表24 *JFS*期刊各类高频主题

Table 24 High frequency terms of each cluster in *JFS*

聚类名称	主题词（词频）
聚类#1 火实验分析	Experimental Study（58），Experimental Result（54），Size（52），Fuel（49），Equation（47），Prediction（47），Building（46），Experimental Data（46），Pressure（43），Simulation（43），Flow（42），Compartment（41），Pool Fire（41），Scenario（41），Room（36），Velocity（32），Height（29），Calculation（28），Distribution（28），Temperature Distribution（27），Location（26），Point（26），Concept（25），Distance（25）
聚类#2 阻燃分析	Flame Retardant（92），Oxygen Index（70），Flame Retardancy（62），Composite（61），Flammability（61），Compound（56），Additive（50），Formation（50），Formulation（47），Ammonium Polyphosphate（43），Thermogravimetric Analysis（42），Char（41），Thermal Stability（40），Coating（39），Phosphorus（39），Degradation（38），LOI（37），Blend（36），Peak Heat Release Rate（34），Phosphate（34），Improvement（33），Poly（32），Mechanical Property（31），Resin（31），Rating（30）
聚类#3 实验材料、方法和技术	Fabric（70），Standard（47），Apparatus（45），Loss（45），Test Method（33），Composition（25），Consideration（25），Cigarette（23），Way（22），Conductivity（21），Technology（20），NIST（18），Upholstered Furniture（18），Comment（17），National Institute（17），Protocol（17），Upholstery Fabric（17），Chemistry（15）

3.4　火灾科学主题的地理分布

3.4.1　火灾科学主题的国家／地区分布

1. 美国火灾科学研究主题

　　美国火灾科学研究的主题聚类与叠加分析如图57，各类中的高频主题如表25。从分析结果可以得到，美国的火灾科学研究集中在六个方面，分别为聚类#1 建筑火灾安全风险、聚类#2 材料热解分析、聚类#3 灭火技术、聚类#4 材料燃烧毒性测试、聚类#5 结构抗火以及聚类#6 野火研究。在这些研究中，美国近些年来比较活跃的研究主要分布在聚类#1 建筑火灾安全风险、聚类#5 结构抗火以及聚类#6 野火研究方面。此外，聚类#3 灭火技术的研究也较为活跃。美国近年来在聚类#4 材料燃烧毒性测试以及聚类#2 材料热解分析方面并不活跃。在主题影响力分布上，有关火与材料研究论文的影响力普遍较高。此外，相比其他聚类，美国灭火技术的研究也具有较高影响力。

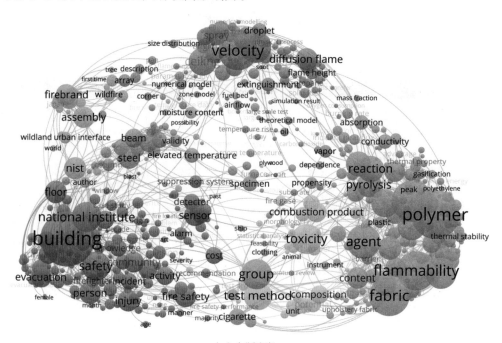

（a）主题聚类

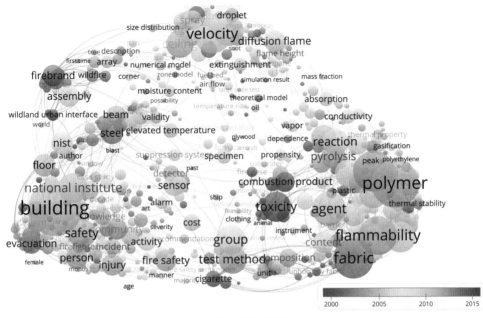

（b）主题平均年份分布

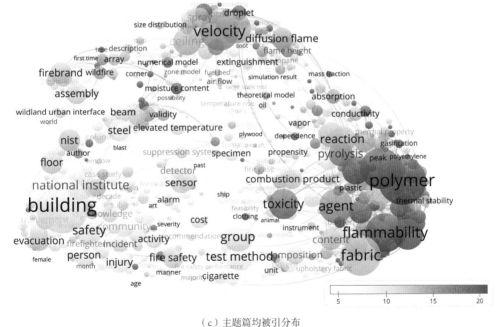

（c）主题篇均被引分布

图 57　美国火灾科学研究主题的学术地图

Fig.57　Terms map of USA in fire science research

表25 美国火灾科学研究主题各类高频主题
Table 25 High frequency terms of each cluster in USA

聚类名称	主题词（词频）
聚类#1 建筑火灾安全风险	Building（87），National Institute（48），Safety（46），Floor（36），Person（35），Fire Safety（34），Injury（34），Sensor（34），Community（33），Evacuation（33），Cause（30），Movement（30），Action（29），Activity（29），Occupant（29），Speed（28），Cost（27），Detection（27），Knowledge（27），Detector（26），Incident（26）
聚类#2 材料热解分析	Polymer（77），Cone Calorimeter（65），Fabric（64），Flammability（62），Agent（54），Flame Retardant（49），Group（48），Composite（44），Formation（44），Reaction（42），Oxygen（40），Pyrolysis（39），Compound（37），Resistance（36），Content（34），kW/m^2（33），Fiber（32），Char（31），Peak Heat Release Rate（30）
聚类#3 灭火技术	Velocity（62），Diameter（49），Ceiling（44），Diffusion Flame（35），Spray（31），Extinction（27），Fire Plume（27），Numerical Simulation（27），Sprinkler（27），Compartment Fire（26），Flow Rate（26），Gas Temperature（25），Droplet（24），Angle（23），Extinguishment（22），Fire Suppression（22），Cooling（21），Water Mist（21），Array（20），Flame Height（20），Vapor（20）
聚类#4 材料燃烧毒性测试	Toxicity（48），Test Method（45），Combustion Product（32），Composition（29），CO_2（26），Potential（25），Carbon Monoxide（23），Chamber（20），Chemistry（19），Minute（18），Unit（18），Wire（18），Astm（17），Fire Gases（17），PVC（16），Test Protocol（16），Combustion Gases（15），Polymeric Material（13），Society（13），Corrosion（12），Rat（12），Day（11），Hydrogen Chloride（11），Morphology（10），Smoke Obscuration（10）
聚类#5 结构抗火	Steel（35），Beam（30），Fire Exposure（28），Fire Resistance（25），Section（25），Elevated Temperature（24），Specimen（24），Capacity（22），Column（20），Member（20），Validity（20），Frame（18），Concrete（16），Finite Element Model（15），Furnace（15），High Temperature（15），Parametric Study（15），Temperature Distribution（14），Collapse（13），Connection（13），Room Temperature（13），Structural Member（13），Heat Transfer Model（12），Temperature Rise（12），Cross Section（11），Fire Simulation（11），Significant Influence（11）
聚类#6 野火研究	NIST（35），Assembly（34），Firebrand（34），Wind（29），Wildfire（21），Wind Speed（20），Front（19），Moisture Content（19），Wildland Urban Interface（19），Wildland Fire（18），Experimental Investigation（16），Firebrand Shower（14），Japan（14），California（13），Vulnerability（13），Building Research Institute（12），Building Material（11），Fuel Bed（11），Fire Research Wind Tunnel Facility（10），Full Scale Test（10），Tree（10），Vegetation（10），Wall Assembly（10）

2. 中国火灾科学研究主题

　　我国火灾研究的主题聚类及叠加分析如图58，各类中的高频主题如表26。通过聚类将我国的火灾研究划分为三个方面，分别为聚类#1 建筑火灾安全与风险、聚类#2 材料阻燃性分析以及聚类#3 结构抗火。相比而言，建筑火灾在我国火灾主题的研究中热度有所下降，主题的平均年份在2012年之前。聚类#3 结构抗火是我国当前火灾研究中最为活跃的领域，聚类#2 材料阻燃性分析也相对较为活跃。从主题的整体平均时间分布发现，美国研究主题的时间跨度要比我国更长。我国主题的平均时间基本上都在2010年以后，这反映在2010年之后我国火灾方面的英文论文才逐渐增加起来。主题影响结果显示：在聚类#1 建筑火灾安全与风险中隧道火灾和疏散、聚类#2 材料阻燃性分析中添加剂水平、LOI（极限氧指数）、聚丙烯等相关主题以及聚类#3 结构抗火中涉及强度分析的研究影响力较高。

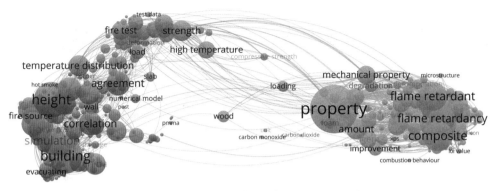

（a）主题聚类

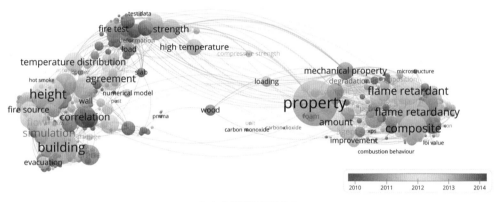

（b）主题平均年份分布

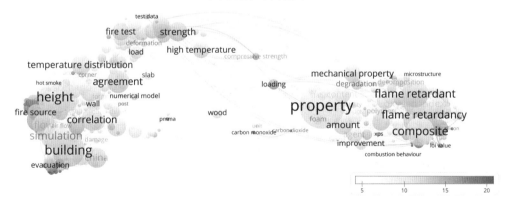

（c）主题篇均被引分布

图 58 中国火灾科学研究主题的学术地图

Fig.58 Terms map of China in fire science research

表26 中国火灾科学研究各类高频主题
Table 26 High frequency terms of each cluster in China

聚类名称	主题词（词频）
聚类#1 建筑火灾 安全与风险	Height（71）, Building（70）, Simulation（55）, Agreement（49）, Flow（49）, Velocity（49）, Scenario（48）, Compartment（47）, Correlation（47）, Location（44）, China（43）, Temperature Distribution（42）, Pool Fire（41）, Width（37）, Safety（36）, Fire Source（35）, Tunnel（35）, Theory（34）, Space（33）, CFD（32）, Distance（32）, Field（30）, Flame Height（30）, Opening（28）, Wall（28）, Evacuation（27）, Ceiling（26）, Floor（26）, Consideration（25）, Plume（25）, Simulation Result（24）, Compartment Fire（22）, Speed（22）, Movement（21）
聚类#2 材料阻燃 性分析	Property（97）, Composite（61）, Flame Retardant（58）, Flame Retardancy（54）, Oxygen Index（48）, Thermogravimetric Analysis（47）, Thermal Stability（42）, Amount（41）, Fourier（38）, Char（37）, Cone Calorimeter（37）, Mechanical Property（37）, Content（36）, Electron Microscopy（36）, LOI（36）, Agent（35）, Formation（35）, Morphology（34）, Spectroscopy（34）, Product（31）, Rating（31）, Cone Calorimeter Test（27）, Improvement（27）, Flammability（26）, Poly（26）, Ammonium Polyphosphate（25）, Degradation（25）
聚类#3 结构抗火	Strength（41）, Elevated Temperature（38）, Fire Test（37）, High Temperature（35）, Specimen（33）, Concrete（32）, Exposure（31）, Steel（31）, Fire Resistance（30）, Section（30）, Beam（29）, Load（28）, Column（26）, Response（25）, Loading（22）, Crack（20）, Experimental Investigation（20）, Slab（20）, Behaviour（19）, Failure（19）, Fire Condition（19）, Formula（19）, Temperature Field（19）, Boundary Condition（17）, Deformation（16）, Compressive Strength（15）

3. 英格兰火灾科学研究主题

英格兰火灾科学研究的主题聚类与叠加分析结果如图59，各类中高频研究主题如表27。通过分析可以将英格兰的火灾科学研究分为四类：聚类#1 燃烧、热解与阻燃、聚类#2 火灾安全与疏散、聚类#3 结构抗火以及聚类#4 火灾实验与模拟

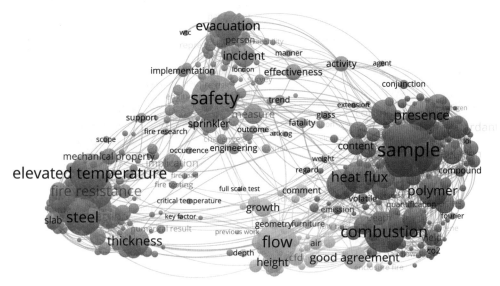

（a）主题聚类

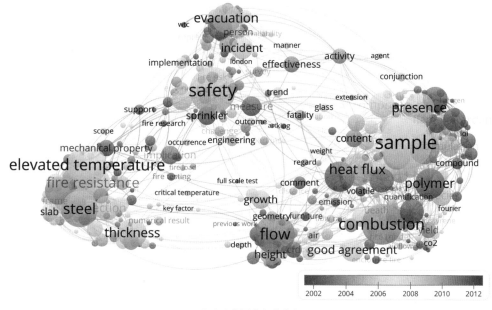

（b）主题平均年份分布

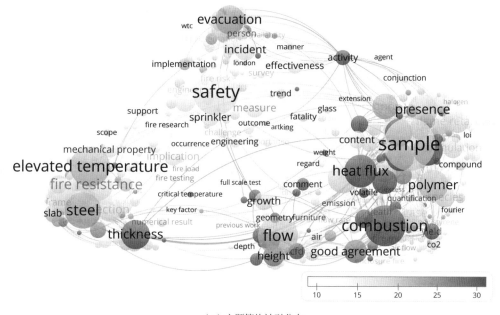

（c）主题篇均被引分布

图 59　英格兰火灾科学研究主题的学术地图

Fig.59　Terms map of England in fire science research

表27　英格兰火灾科学研究各类高频主题

Table 27　High frequency terms of each cluster in England

聚类名称	主题词（词频）
聚类#1 燃烧、热解与阻燃	Sample（45），Combustion（35），Heat Flux（28），Flammability（26），Hazard（26），Polymer（26），Presence（26），Cone Calorimeter（24），Heat Release Rate（24），Composite（22），Fabric（22），Gas（21），Pyrolysis（21），Flame Retardant（20），Char（18），Formulation（18），Mass Loss Rate（18），Species（18），Concentration（17），Formation（16），Scale（16）
聚类#2 火灾安全与疏散	Safety（40），Evacuation（25），Impact（21），Incident（19），Requirement（18），Measure（17），Occupant（16），Sprinkler（16），Evacuation Model（15），Effectiveness（14），Speed（14），Activity（13），Population（13），Experience（12），Person（12），Engineer（11），Trial（11）
聚类#3 结构抗火	Elevated Temperature（34），Steel（31），Fire Resistance（29），Thickness（25），Load（24），Beam（21），Section（21），Column（19），Failure（18），Strength（18），Concrete（16），Implication（16），Slab（15），Fire Protection（14），Intumescent Coating（14），Mechanical Property（14），Stress（14），Temperature Distribution（14），Ambient Temperature（13），Finite Element Model（13），Frame（13），Plate（13），Expansion（12），Specimen（12），Edge（11），High Temperature（11），Steel Structure（10），Structural Behaviour（10）
聚类#4 火灾实验与模拟分析	Flow（34），Good Agreement（20），Height（18），Growth（16），Velocity（16），CFD（14），Tunnel（13），Pool Fire（12），Air（11），Comment（11），Plume（11），Shape（11），Validation（11），Opening（10），Production（10）

分析。从主题的时间分布来看，英格兰近期的研究主要集中在聚类#3 结构抗火以及聚类#2 火灾安全中的疏散主题上。英格兰的高影响力主题分布在聚类#1 燃烧、热解与阻燃和聚类#4 火灾实验与模拟分析中。此外，聚类#2中的疏散和聚类#3中的钢结构以及结构厚度等主题也具有较高的影响力。

3.4.2　火灾科学主题的机构分布

1. 中国科学技术大学火灾科学研究主题

中国科学技术大学火灾科学研究的主题和叠加如图60，各类中高频主题如表28。中国科学技术大学的火灾科学研究可以划分为五大类，分别为聚类#1 建筑、隧道火灾及疏散等、聚类#2 火灾实验（玻璃幕墙等）、聚类#3 防灭火技术、聚类#4 低压火灾以及聚类#5 热物性方面研究。近年来研究主题主要分布在聚类#4 低压火灾和聚类#2 火灾实验（玻璃幕墙等）方面。其2011年之前的主题集中在聚类#3 防灭火技术和聚类#5 热物性方面。整个主题图中，高影响主题分布在聚类#3 防灭火技术和聚类#1 建筑、隧道火灾及疏散的研究中。

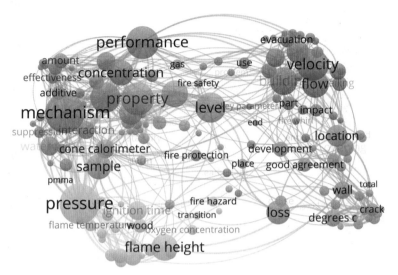

（a）主题聚类

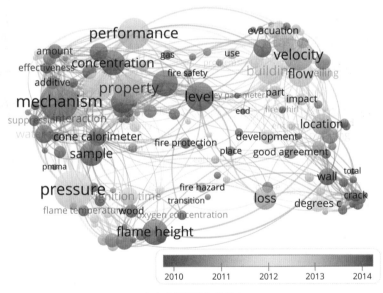

（b）主题平均年份分布

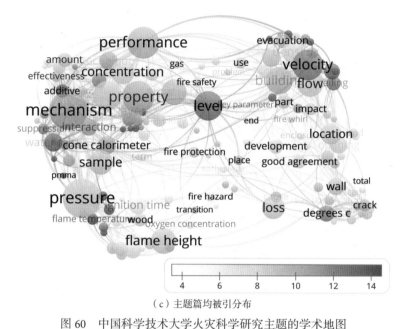

（c）主题篇均被引分布

图60 中国科学技术大学火灾科学研究主题的学术地图

Fig.60 Terms map of University of Science and Technology in China in fire science research

表28 中国科学技术大学火灾科学研究各类高频主题

Table 28 High frequency terms of each cluster in USTC

聚类名称	主题词（词频）
聚类#1 建筑、隧道火灾及疏散等	Velocity（25），Building（22），Flow（21），Density（18），Simulation（15），Tunnel（13），Ceiling（12），Evacuation（12），Fire Scenario（12），Part（11），Impact（10）
聚类#2 火灾实验（玻璃幕墙等）	Loss（19），Location（17），Opening（14），Wall（14），Degrees C（13），Development（12），Good Agreement（11），Crack（10），Window（10），Cause（9），Fire Protection（9），Glass（9）
聚类#3 防灭火技术	Mechanism（32），Performance（26），Addition（24），Concentration（20），Technique（15），Water Mist（15），Interaction（14），Amount（12），Mixture（12），Additive（11），Agent（11），Kind（10），Radiant Heat Flux（10）
聚类#4 低压火灾	Pressure（32），Flame Height（21），Ignition Time（15），Altitude（14），Hefei（12），Wood（11），Lhasa（10），Flame Spread Rate（9），Flame Temperature（9），High Altitude（9），Mass（9）
聚类#5 热物性	Property（26），Level（24），Structure（21），Sample（20），Layer（19），Cone Calorimeter（15），Composite（11），Morphology（11），Mean（9），Stability（9），Degree（8），Flammability（8）

2. 美国马里兰大学火灾科学研究主题

美国马里兰大学火灾科学研究的主题聚类及叠加结果如图61，各类中的高频主题如表29。美国马里兰大学的火灾研究主题可以划分为六大类，分别为聚类#1 建筑火灾与人员疏散、聚类#2 锥形量热仪测试、聚类#3 野火研究、聚类#4 水喷淋灭火、聚类#5 火灾特性与数值模型研究以及聚类#6 烟气探测。从研究主题的平均时间来看，聚类#3、聚类#4以及聚类#5的研究主题是近期的研究热点。主题的篇均被引分布显示，聚类#2 锥形量热仪测试的相关研究主题具有高的影响力。

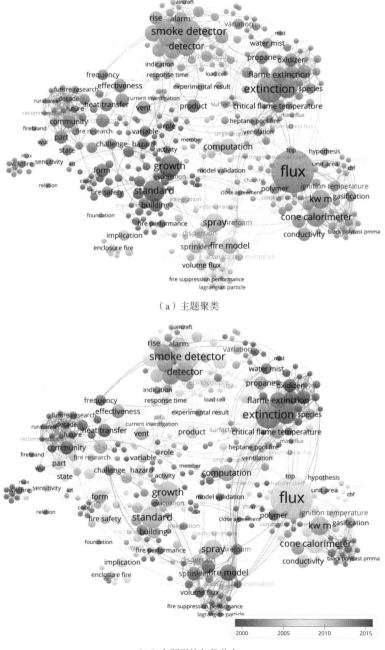

（a）主题聚类

（b）主题平均年份分布

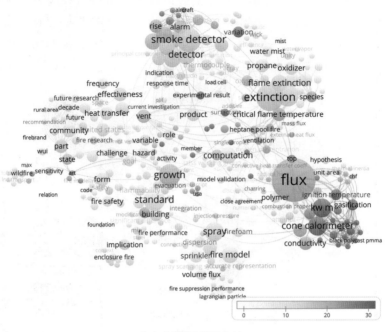

（c）主题篇均被引分布

图61　美国马里兰大学火灾科学研究主题学术地图

Fig.61　Terms map of the University of Maryland in fire science research

表29　美国马里兰大学火灾科学研究各类高频主题

Table 29　High frequency terms of each cluster in University of Maryland

聚类名称	主题词（词频）
聚类#1 建筑火灾与人员疏散	Growth（8），Standard（8），Building（5），Form（5），Product（5），Construction（4），Content（4），Fire Safety（4），Flammability（4），Goal（4），Hazard（4），Role（4），Variable（4），Activity（3），Evacuation（3），Evacuee（3），Example（3），Fire Performance（3），Implementation（3），Min（3），Output（3），Person（3），Place（3），Population（3），Safety（3），Significant Difference（3），Uncertainty（3），Upholstery Fabric（3）
聚类#2 锥形量热仪测试	Flux（16），Cone Calorimeter（7），kW/m^2（7），Conductivity（5），Transient（5），Gasification（4），Ignition Temperature（4），Pmma（4），Polymer（4），Attempt（3），Hypothesis（3），Previous Study（3），Procedure（3），Rate Data（3），Rate Model（3），Thermal Property（3），Top（3），Unit Area（3）
聚类#3 野火研究	Community（5），Effectiveness（5），Heat Transfer（5），Investigation（5），Part（5），United States（5），Vent（5），Challenge（4），Exposure Condition（4），Fire Spread（4），Frequency（4），State（4），Advance（3），Decade（3），Fire Research（3），Knowledge（3），Pathway（3），Sensitivity（3），Space（3），Wildfire（3），Wildland Fire（3），Wildland Urban Interface（3）
聚类#4 水喷淋灭火	Spray（7），Computation（6），Fire Model（6），Drop Size（5），Sprinkler（5），Dispersion（4），Fire Phenomena（4），Firefoam（4），Implication（4），Volume Flux（4），Accurate Representation（3），Enclosure Fire（3），IAFSS Working Group（3），Integration（3），Management（3），Model Validation（3），Origin（3），Probability Distribution Function（3），Spray Dispersion（3），Spray Scanning System（3）

续表

聚类名称	主题词（词频）
聚类#5 火灾特性与数值模型研究	Extinction（10），Diffusion Flame（8），Flame Extinction（6），Critical Flame Temperature（5），Methane（5），Oxidizer（5），Present Study（5），Propane（5），Oxygen（4），Species（4），Variation（4），Water Mist（4），Combustion Efficiency（3），Flame Height（3），Global Combustion Efficiency（3），Heptane Pool Fire（3），Large Eddy Simulation（3），Nitrogen（3），Onset（3），Oxygen Concentration（3），Regime（3），Simulation Model（3），Surfactant（3），Turbulent Line Fire（3），Unity（3），Ventilation（3），Wick（3）
聚类#6 烟气探测	Smoke Detector（9），Detector（7），Fire Detection（6），Fire Detector（6），Sensor（6），Signature（6），Alarm（5），Carbon Monoxide（5），Nuisance Source（5），Rise（5），Combination（4），Flaming Fire（4），Mean（4），Thermocouple（4），Air Flow（3），Array（3），Carbon Dioxide（3），Experimental Result（3），Gas Sensor（3），Heptane（3），Indication（3），Ionization（3），Ionization Detector（3），Magnitude（3），Polyurethane Foam（3），Response Time（3），Slope（3），Test Data（3）

3. 英国爱丁堡大学火灾科学研究主题

英国爱丁堡大学火灾科学研究主题的聚类及其叠加分析如图62，各类中的高频主题如表30。英国爱丁堡大学火灾科学研究主题可以划分为四大类，分别为聚类#1 火灾特性实验、聚类#2 热解与燃烧、聚类#3 结构抗火以及聚类#4 消防工程。从主题的时间分布来看，近年来的研究集中在聚类#2 热解与燃烧方面。从高影响力的主题分布来看，主要分布在研究时间相对较早的聚类#3 结构抗火领域。

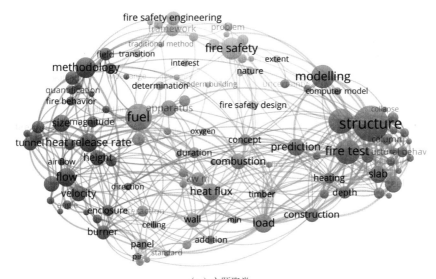

（a）主题聚类

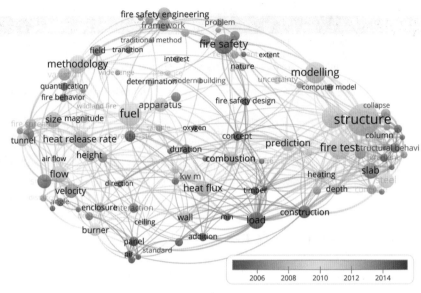

（b）主题平均年份分布

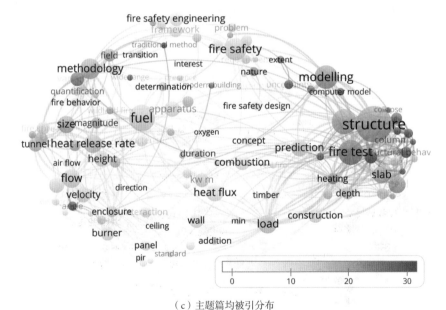

（c）主题篇均被引分布

图 62　英国爱丁堡大学火灾科学研究主题的学术地图

Fig.62　Terms map of of the University of Edinburgh in fire science research

表30 英国爱丁堡大学火灾科学研究各类高频主题

Table 30 High frequency terms of each cluster in University of Edinburgh

聚类名称	主题词（词频）
聚类#1 火灾特性实验	Methodology（13），Flow（12），Heat Release Rate（12），Size（11），Height（10），Smoke（10），Velocity（10），Burner（9），Tunnel（9），Variation（9），Field（8），Fire Spread（8），Ventilation（8），Correlation（7），Enclosure（7），Magnitude（7），Risk（7），Width（7）
聚类#2 热解与燃烧	Fuel（17），Load（12），Heat Flux（11），Apparatus（10），Combustion（10），kW/m^2（9），Wall（9），Characteristic（8），Concept（7），Duration（7），Flammability（7），Interaction（7），Panel（7），Addition（6），Cone Calorimeter（6），Fire Performance（6）
聚类#3 结构抗火	Structure（23），Fire Test（16），Response（16），Modelling（15），Prediction（11），Slab（11），Steel（11），Construction（9），Depth（8），Structural Response（8），Column（7），Concrete（7），Fire Condition（7），Heating（7），Structural Behaviour（7）
聚类#4 消防工程	Fire Safety（14），Fire Safety Engineering（9），Framework（9），Decade（7），Subject（7），Determination（6），Fire Safety Design（6），Lack（6），Nature（6），Problem（6），Requirement（6），University（6），Extent（5），Interest（5），Transition（5）

3.5 本章小结

本章对火灾科学样本论文的主题从整体和局部进行了深入的挖掘，揭示了基于研究主题的火灾科学研究热点分布。对本章的主要研究结果总结如下：

（1）国际火灾科学的研究主要集中在四个方面，分别为聚类#1 材料热解、着火及燃烧参数测试、聚类#2 建筑火灾安全风险分析、聚类#3 火灾实验与灭火以及聚类#4 结构抗火。在这些聚类中，聚类#4 是近期研究的热点领域。与此同时，对各个聚类中近期的研究主题也进行了讨论。从火灾研究主题近半年和2013年以来相关主题论文的使用情况来看，聚类#1 材料热解、着火及燃烧参数测试方面的主题最为活跃，是火灾科学研究的新兴热点领域。在主题被引分布上，发现聚类#1已经成为高被引的领域。鉴于聚类#1的新兴与高影响特征，我国火灾科学研究领域有必要对这种特征进行关注。

四大期刊、国家/地区以及机构主题在全局火灾主题图上分布的研究，有助于认识不同主题在整个火灾研究主题地图上的分布情况。结果显示：①*FSJ*和*FT*的研究主题集中在全局火灾主题地图的左侧（涉及主题来源于聚类#2 建筑火灾安全风险分析、#3 火灾实验与灭火和#4 结构抗火），*FM*和*JFS*主要集中在主题地图的右侧（主要分布在聚类#1 材料热解、着火及燃烧参数测试）。从数据分布的广度来看，*FSJ*在左侧的分布要比*FT*分布更加显著，*FM*在左侧的分布要比*JFS*的分布要广。②高产国家/地区的主题叠加显示，美国火灾研究主题在整个主题图上分布最为广泛，各个领域都比较活跃。我国的火灾研究主要分布在着火与热解（特别是与材料相关的主题）以及结构抗火与实验分析等领域。此外，对英格兰的研究主题也进行了讨论。③在大学层面的叠加分析上，中国科学技术大学在火灾实验与灭火和建筑火灾安全与风险（特别是疏散）方面的研究活跃。美国马里兰大学同样在火灾实验与灭火领域表现突出。英国爱丁堡大学则在结构抗火、建筑火灾以及火灾实验与灭火研究中表现突出。

（2）在全局分析的基础上，对各个期刊、国家/地区以及机构的数据进一步深入挖掘，各分析"主体"的聚类总结如表31。在聚类分析的结果基础上，对主题的趋势进行了分析。

四大期刊近年来研究的主题为：FM近年的研究主题集中在阻燃材料与热解领域，高影响力主题也分布在阻燃材料与热解的研究中；FT则分布在火灾实验、模拟、灭火和抗火研究上，高影响主题则主要分布在抗火研究中；FSJ的新兴主题分布在结构抗火领域及其他聚类中的隧道火灾、安全疏散的研究上，高影响主题分布在疏散、隧道火灾以及结构强度等研究主题中；JFS上火灾实验分析和阻燃分析则是其近年来一直关注的研究主题，高影响力主题则集中在阻燃分析中。

在高产国家/地区高影响研究的主题和近期研究主题的分析中，美国近年来研究主要分布在建筑火灾安全风险、结构抗火以及野火研究，高影响主题分布在火与材料相关的研究中。我国的研究主要分布在结构抗火领域，材料阻燃分析也相对活跃，高影响主题分布在隧道火灾、疏散、结构强度等主题上。近年来，英格兰的火灾研究集中在结构抗火以及火灾安全风险中的疏散问题上，其高影响主题则分布在燃烧、热解、阻燃和火灾实验与模拟的聚类中，还包含了其他聚类中关于疏散、钢结构等方面的研究主题。

对高产大学新近与高影响研究主题的分析中：①中国科学技术大学近期的研究主要集中在低压火灾和火灾实验研究（如玻璃幕墙等），高影响的主题分布在防灭火技术、建筑、隧道火灾及疏散研究中；②美国马里兰大学近期的研究主要集中在野火研究、水喷淋灭火以及火灾特性与数值模型研究等方面，其中锥形量热仪测试的相关研究主题具有高影响力；③英国爱丁堡大学火灾科学近期研究则分布在热解与燃烧方面，高影响主题分布在结构抗火的研究上。

表31 火灾科学研究主题聚类总结
Table 31 Summary of terms cluster of fire science research

编号	分析类别	分析对象	聚类总结
1	期刊	*FM*	聚类#1 建筑火灾安全与风险 聚类#2 阻燃材料与热解 聚类#3 结构抗火
		FT	聚类#1 火灾安全与疏散 聚类#2 火灾实验、模拟与灭火技术 聚类#3 抗火研究 聚类#4 火灾探测技术
		FSJ	聚类#1 火灾特性实验 聚类#2 建筑火灾安全与风险 聚类#3 结构抗火 聚类#4 着火过程与热解
		JFS	聚类#1 火实验分析 聚类#2 阻燃分析 聚类#3 实验材料、方法和技术
2	国家/地区	美国	聚类#1 建筑火灾安全风险 聚类#2 材料热解分析 聚类#3 灭火技术 聚类#4 材料燃烧毒性测试 聚类#5 结构抗火 聚类#6 野火研究
		中国	聚类#1 建筑火灾安全与风险 聚类#2 材料阻燃性分析 聚类#3 结构抗火
		英格兰	聚类#1 燃烧、热解与阻燃 聚类#2 火灾安全与疏散 聚类#3 结构抗火 聚类#4 火灾实验与模拟分析
3	机构	中国科学技术大学	聚类#1 建筑、隧道火灾及疏散等 聚类#2 火灾实验 聚类#3 防灭火技术 聚类#4 低压火灾 聚类#5 热物性
		美国马里兰大学	聚类#1 建筑火灾与人员疏散 聚类#2 锥形量热仪测试 聚类#3 野火研究 聚类#4 水喷淋灭火 聚类#5 火灾特性与数值模型研究 聚类#6 烟气探测
		英国爱丁堡大学	聚类#1 火灾特性实验 聚类#2 热解与燃烧 聚类#3 结构抗火 聚类#4 消防工程

第4章　火灾科学知识基础学术地图

4.1　火灾科学期刊维度的知识基础学术地图

在火灾科学研究中，学者们引用了大量以往发表的论文支撑当前的研究。这些被火灾科学学者广泛引用的期刊、作者以及论文组成了火灾科学的知识基础，并源源不断地为后续火灾研究提供知识补给，推进火灾科学的向前发展。从知识流动角度，可以认为科学知识从这些高被引的期刊、作者、文献流向了当前的火灾科学研究。

4.1.1　火灾科学全局被引期刊分布

对4本火灾科学期刊论文参考文献中引用的出版物进行分析，提取的34187个不同出版物的统计分布如图63。从分析结果不难得出，在火灾科学研究中，有极少部分出版物位于高被引区域，大量的出版物被引频次很低。这反映了火灾科学研究的期刊维度知识基础来源的集中与分散特征，即知识基础集中在火灾科学期刊"核心区"的少数期刊上。使用全科学期刊叠加图的分析方法，将火灾科学研究中引用的高水平期刊叠加在期刊全科学地图上进行分析，如图64。从分析的结果来看，在火灾研究中，引用了大量期刊类型的文献。这些期刊在全科学期刊地图上集中分布在材料、化学、物理领域中。虽然火灾研究中也引用来自社会学、经济学以及应用心理学等方面的期刊，但是引证数量比较少。

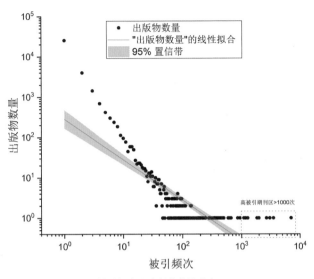

被引频次和出版物数量分布

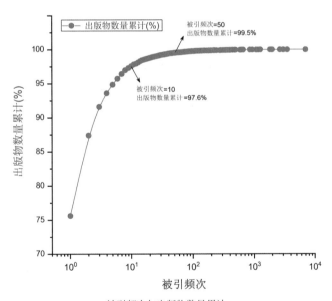

被引频次与出版物数量累计

图 63 火灾科学研究所引用的期刊分布

Fig.63 Citations distributions of cited journals in fire science

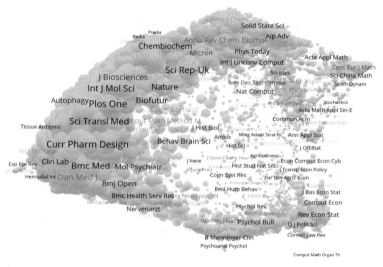

（a）全科学期刊地图的图层

（b）叠加上火灾科学研究中被引期刊的结果

图 64　火灾科学研究所引用期刊在全科学期刊地图上的分布

Fig.64　Location of cited journals in fire science on the global journals' science map

通过 Rao-Stirling diversity 跨学科指数计算，Rao-Stirling diversity = 0.0967，

表明火灾科学研究的期刊的集中度和专业性很高

　　进一步提取了火灾科学研究中被引频次大于300次的出版物，作为火灾科学

研究的核心知识基础来源，结果如表32。在火灾研究中被引前10名的出版物依次

为：《火灾安全杂志》（7027）、《火与材料》（3519）、《消防技术》（3046）、《燃烧与火焰》（2680）、《火灾科学杂志》（1997）、《聚合物降解与稳定性》（1851）、《燃烧科学技术》（1278）、《SFPE消防工程手册》（1178）、《燃烧学会会议论文》（1093）以及《火灾安全科学》（945）。这些期刊是火灾科学研究中的核心期刊，为国际火灾科学学术共同体提供了最为核心的知识基础。其中，本研究中使用的种子数据《火灾安全杂志》《火与材料》《消防技术》的被引位列前三，《火灾科学杂志》位列第五。这是由于，所分析的施引数据来自于这4本期刊，因此所引用的知识基础也会主要来源于这些期刊。除了期刊外，《SFPE消防工程手册》和《火灾动力学导论》作为火灾研究的著作，在火灾科学研究中也表现出了高的影响力。

表32 火灾科学研究的高被引出版物分布
Table 32 High cited sources in fire science research

序号	期刊名（英文）	期刊名（中文）	度数	权重度	被引频次	影响因子
1	Fire Safety J*	火灾安全杂志	574	105914	7027	1.659
2	Fire Mater*	火与材料	564	57654	3519	1.173
3	Fire Technol*	消防技术	566	47769	3046	1.42
4	Combust Flame	燃烧与火焰	494	54367	2680	4.120
5	J Fire Sci*	火灾科学杂志	538	31585	1997	1.155
6	Polym Degrad Stabil	聚合物降解与稳定性	392	36696	1851	3.780
7	Combust Sci Technol	燃烧科学技术	459	27154	1278	1.564
8	SFPE Hdb Fire Protec▲	SFPE消防工程手册	510	18094	1178	—
9	P Combust Inst	燃烧学会会议论文	395	25305	1093	3.299
10	Fire Safety Sci	火灾安全科学	483	20351	945	—
11	J Appl Polym Sci	应用聚合物科学杂志	324	17336	859	2.188
12	J Constr Steel Res	建筑钢材研究期刊	194	8047	664	2.650
13	J Fire Prot Eng	消防工程杂志	437	11467	635	—
14	Int J Heat Mass Tran	国际传热传质期刊	398	11994	600	4.346
15	Int J Wildland Fire	国际野火杂志	260	13607	590	2.656
16	Eng Struct	工程结构	222	8502	498	3.084
17	Thesis	学位论文	432	9391	496	—
18	Cement Concrete Res	水泥与混凝土研究	188	7935	478	5.618
19	Constr Build Mater	建筑材料	253	9070	450	4.046
20	Thermochim Acta	热化学学报	336	8753	423	2.251
21	J Fire Flammability	可燃性杂志	391	6331	408	—
22	Prog Energ Combust	能源与燃烧科学进展	395	8529	396	26.467
23	Build Environ	建筑与环境	359	8483	392	4.820
24	J Hazard Mater	有害物质杂志	359	8069	388	7.650
25	Polymer	聚合物	239	8744	368	3.771
26	Text Res J	纺织研究杂志	195	5486	360	1.613
27	Polym Advan Technol	聚合物先进技术	241	8966	352	2.162

续表

序号	期刊名（英文）	期刊名（中文）	度数	权重度	被引频次	影响因子
28	*Fuel*	燃料	343	8182	346	5.128
29	*J Loss Prevent Proc*	过程工业损失预防杂志	328	5702	343	2.069
30	*Intro Fire Dynamics*▲	火灾动力学导论	412	5976	338	—
31	*J Struct Eng-Asce*	结构工程	172	4987	325	2.528
32	*Fire Sci Technol*	消防科学技术	358	5777	305	—

　　注：★表示本研究分析所使用的种子期刊，▲表示出版物类型为图书；度数代表期刊在共被引网络中产生共
被引关系的期刊数量；权重度是在度数的基础上考虑共被引的强度后，某一出版物与其他出版物的总共被引次数；
被引频次代表出版物在所下载的5673篇论文中被引的次数；这里的影响因子是科睿唯安在2019年发布的影响因子

　　从火灾研究引用的34187个出版物中，提取了被引频次不小于15次的579个出
版物，构建基于火灾出版物共被引的学术地图，从出版物维度探究火灾科学研究
的知识来源分布及其结构。火灾出版物共被引分析的结果如图65，各聚类中高被
引出版物的分布如表33。通过出版物之间的共被引关系，将579个火灾研究引用的

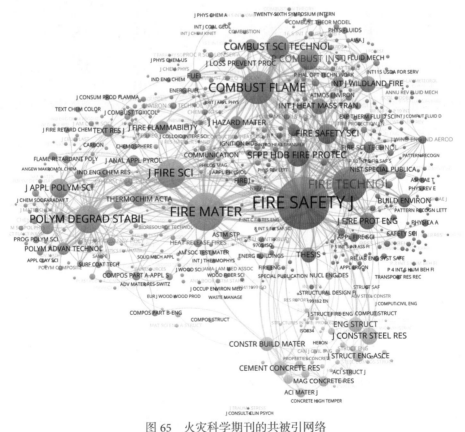

图 65　火灾科学期刊的共被引网络

Fig.65　Journals co-citation network of fire science

表33　火灾科学研究引证的主要出版物

Table 33　High cited Journals/sources in fire science research

聚类名称	出版物（引证次数）	聚类规模
聚类#1 火灾安全科学	*Fire Safety J*（7027），*Fire Technol*（3046），*SFPE Hdb Fire Protec*（1178），*Fire Safety Sci*（945），*J Fire Prot Eng*（635），*Thesis*（496），*Build Environ*（392），*Intro Fire Dynamics*（338），*Fire Sci Technol*（305），*Nist Special Publica*（289），*Fire J*（279），*Tunn Undergr Sp Tech*（218），*J Appl Fire Sci*（194），*Safety Sci*（186），*J Wind Eng Ind Aerod*（148），*Appl Therm Eng*（132），*Procedia Engineer*（123），*Physica A*（112），*Fire Dynamics Simula*（107）	181
聚类#2 材料与热解	*Fire Mater*（3519），*J Fire Sci*（1997），*Polym Degrad Stabil*（1851），*J Appl Polym Sci*（859），*Thermochim Acta*（423），*J Fire Flammability*（408），*Polymer*（368），*Text Res J*（360），*Polym Advan Technol*（352），*J Anal Appl Pyrol*（278），*Communication*（225），*Polym Int*（202），*Ind Eng Chem Res*（201），*Astm Stp*（184），*Compos Part A-Appl S*（182），*J Therm Anal Calorim*（178），*Fire Retardancy Poly*（170），*Eur Polym J*（159），*Acs Sym Ser*（154），*Heat Release Fires*（152），*Flame Retardant Poly*（145），*J Polym Sci Pol Chem*（137），*J Mater Sci*（125），*J Combust Toxicol*（124），*Chem Mater*（119），*Macromolecules*（112），*Prog Polym Sci*（110），*J Compos Mater*（107），*Polym Eng Sci*（103）	167
聚类#3 燃烧学	*Combust Flame*（2680），*Combust Sci Technol*（1278），*P Combust Inst*（1093），*Int J Heat Mass Tran*（600），*Int J Wildland Fire*（590），*Prog Energ Combust*（396），*J Hazard Mater*（388），*Fuel*（346），*J Loss Prevent Proc*（343），*J Heat Trans-T Asme*（287），*J Fluid Mech*（230），*Exp Therm Fluid Sci*（140），*S Int Combustion*（135），*Int J Therm Sci*（115），*Ignition Hdb*（114），*Atmos Environ*（105），*Environ Sci Technol*（98），*Phys Fluids*（98），*Can J Forest Res*（97），*Heat Transfer*（94），*Nature*（92），*Nist Sp*（91），*Numer Heat Tr A-Appl*（89），*Combustion Fundament*（88），*Fundamentals Heat Ma*（88），*Energ Fuel*（86），*Chemosphere*（83），*Chem Eng Sci*（82），*Process Saf Environ*（82），*Fundamentals Fire Ph*（81），*Science*（79），*Appl Optics*（78），*Combust Theor Model*（76），*Process Saf Prog*（74），*Aiaa J*（73），*J Quant Spectrosc Ra*（70）	161
聚类#4 建筑结构	*J Constr Steel Res*（664），*Eng Struct*（498），*Cement Concrete Res*（478），*Constr Build Mater*（450），*J Struct Eng-Asce*（325），*Mag Concrete Res*（245），*Aci Mater J*（196），*Cement Concrete Comp*（185），*Mater Struct*（140），*Nucl Eng Des*（137），*J Mater Civil Eng*（126），*Aci Struct J*（108），*Thin Wall Struct*（105），*Struct Eng*（74），*J Struct Fire Eng*（72），*Mater Design*（71），*Comput Struct*（67），*Structural Design Fi*（67），*834 ISO*（59），*Eng J Aisc*（58），*Compos Struct*（55），*8341 ISO*（54）	70

出版物聚类为4个聚类，分别为聚类#1 火灾安全科学、聚类#2 材料与热解、聚类#3 燃烧学以及聚类#4 建筑结构。聚类#3 燃烧学的期刊群，作为火灾安全研究的上级研究领域，为火灾安全的研究提供了理论与方法上的支撑，是火灾科学研究最为基础的知识群。聚类#1 是火灾科学最为重要的期刊阵地，汇聚了火灾安全科学研究最为核心的期刊知识源，是火灾安全研究的核心知识基础。火灾科学作为一门跨学科门类，在不断的发展过程中，与邻近学科不断交叉，汲取了相关学科的知识，并形成了特有的研究领域。例如，在火灾科学研究中，与材料相关的火灾安全研究已经具有比较大的规模，成为火灾安全研究的主要组成之一。另外，在火灾研究中，火灾安全与建筑学方面的知识交融，形成了火灾对建筑结构影响的群落。

4.1.2 火灾科学期刊的被引期刊分布

1. *FM*期刊的共被引学术地图

*FM*期刊的共被引密度图与各聚类中高被引出版物见图66和表34。*FM*的自引为1562次，位列被引出版物的首位。随后依次是《聚合物降解与稳定性》（*Polym Degrad Stabil*，888次）、《火灾安全杂志》（*Fire Safety J*，864）、《应用聚合物科学杂志》（*J Appl Polym Sci*，412）、《燃烧与火焰》（*Combust Flame*，406）、《消防技术》（*Fire Technol*，365）、《火灾科学杂志》（*J Fire Sci*，354）、《SFPE消防工程手册》（*SFPE Hdb Fire Protec*，224）、《水泥与混凝土研究》（*Cement Concrete Res*，223）、《聚合物》（*Polymer*，210）《建筑材料》（*Constr Build Mater*，208）以及《聚合物先进技术》（*Polym Advan Technol*，204）、《热化学学报》（*Thermochim Acta*，183）、《燃烧科学技术》（*Combust Sci Technol*，161）、《火灾安全科学》（*Fire Safety Sci*，139）、《纺织研究杂志》

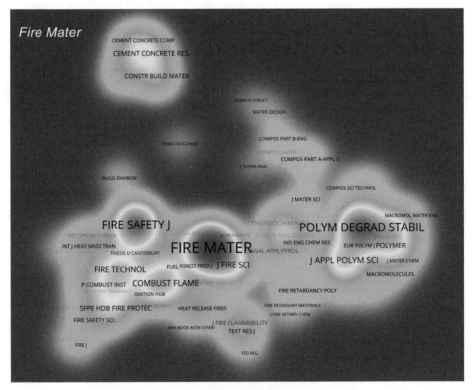

图 66　*FM* 期刊的共被引密度图

Fig.66　Journals co-citation density map of *FM*

表34 *FM*期刊共被引聚类中高被引出版物

Table 34 High cited sources of each cluster in *FM*

聚类名称	出版物（引证次数）
聚类#1 材料火灾安全与燃烧研究	*Fire Mater*（1562），*Fire Safety J*（864），*Combust Flame*（406），*Fire Technol*（365），*J Fire Sci*（354），*SFPE Hdb Fire Protec*（224），*Combust Sci Technol*（161），*Fire Safety Sci*（139），*Text Res J*（138），*J Fire Flammability*（116），*P Combust Inst*（115）
聚类#2 材料热解研究	*Polym Degrad Stabil*（888），*J Appl Polym Sci*（412），*Polymer*（210），*Polym Advan Technol*（204），*Thermochim Acta*（183），*J Anal Appl Pyrol*（112），*Compos Part A—Appl S*（100），*Ind Eng Chem Res*（92），*Polym Int*（89），*J Therm Anal Calorim*（88），*Chem Mater*（76），*Macromolecules*（73），*Eur Polym J*（72），*Fire Retardancy Poly*（71）
聚类#3 结构抗火研究	*Cement Concrete Res*（223），*Constr Build Mater*（208），*Cement Concrete Comp*（71），*Aci Mater J*（61），*J Constr Steel Res*（61），*Mag Concrete Res*（48），*Mater Struct*（44），*J Mater Civil Eng*（39），*J Struct Eng-Asce*（39），*Eng Struct*（35），*Mater Design*（35），*Energ Buildings*（28），*Compos Struct*（21）

（*Text Res J*，138）、《可燃性杂志》（*J Fire Flammability*，116）、《燃烧学会会议论文》（*P Combust Inst*，115）、《分析与热分解杂志》（*J Anal Appl Pyrol*，112）以及《复合材料A》（*Compos Part A—Appl S*，100）。通过共被引聚类，得到FM引用的期刊集中在三个方面：聚类#1 材料火灾安全与燃烧研究、聚类#2 材料热解研究以及聚类#3 结构抗火研究。

2.*FT*期刊的共被引学术地图

FT期刊的共被引密度图与各聚类中高被引出版物见图67和表35。在FT中，引用最多的也是其自身，引用次数达1395次。随后依次是《火灾安全杂志》（*Fire Safety J*，1385）、《火灾与材料》（*Fire Mater*，450）、《燃烧与火焰》（*Combust Flame*，338）、《SFPE消防工程手册》（*SFPE Hdb Fire Protec*，325）、《火灾安全科学》（*Fire Safety Sci*，215）、《国际野火研究杂志》（*Int J Wildland Fire*，201）、《燃烧学会会议论文》（*P Combust Inst*，188）、《火灾科学杂志》（*J Fire Sci*，181）、《消防工程杂志》（*J Fire Prot Eng*，173）、《燃烧科学技术》（*Combust Sci Technol*，159）、《建筑钢研究杂志》（*J Constr Steel Res*，145）、学位论文（*Thesis*，133）、《建筑环境》（*Build Environ*，122）、《国际传热传质杂志》（*Int J Heat Mass Tran*，113）以及《风力工程和工业空气动力学杂志》（*J Wind Eng Ind Aerod*，100）。通过FT期刊的共被引聚类，得到FT所引用的期刊分布要更加集中。核心区以《消防技术》、《火灾安全杂志》以及《火灾与材料》为主，围绕核心区向右侧扩展了建筑结构抗火方面的研究和图谱下方的燃烧与野火等内容。

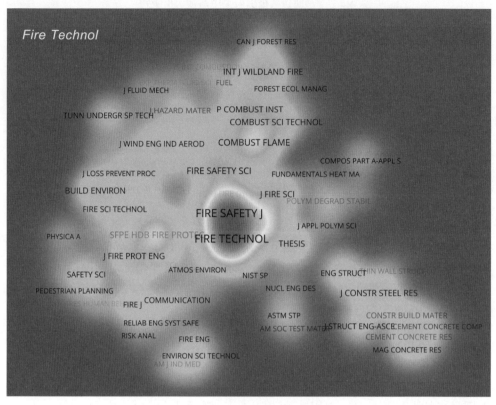

图 67　FT 期刊的共被引密度图

Fig.67　Journals co-citation density map of FT

表35　FT期刊共被引聚类中高被引出版物
Table 35　High cited sources of each cluster in FT

聚类名称	出版物（引证次数）
聚类#1 火灾安全科学与技术（包含材料、动力学理论和工程等）	Fire Technol（1395），Fire Safety J（1385），Fire Mater（450），SFPE Hdb Fire Protec（325），Fire Safety Sci（215），J Fire Sci（181），J Fire Prot Eng（173），Int J Heat Mass Tran（113），Fire J（93），Safety Sci（71），Intro Fire Dynamics（65），Fire Sci Technol（61），J Heat Trans-T Asme（50），Polym Degrad Stabil（50）
聚类#2 燃烧学（包含野火相关研究）	Combust Flame（338），Int J Wildland Fire（201），P Combust Inst（188），Combust Sci Technol（159），Prog Energ Combust（47），Can J Forest Res（38），Fuel（36），J Fluid Mech（36），S Int Combustion（34），Exp Therm Fluid Sci（26），NIST SP（23），Fundamentals Heat Ma（22），Forest Ecol Manag（20），Fundamentals Fire Ph（20）
聚类#3 结构抗火	J Constr Steel Res（145），Thesis（133），Eng Struct（91），J Struct Eng-Asce（67），Constr Build Mater（60），Cement Concrete Res（54），Mag Concrete Res（38），Mater Struct（30），Cement Concrete Comp（25），J Mater Civil Eng（25），J Struct Fire Eng（22），Thin Wall Struct（22），Aci Mater J（21）

注：Build Environ (122)和J Wind Eng Ind Aerod (100)不属于表中三个聚类，故未列在表中

3. FSJ期刊的共被引学术地图

FSJ期刊的共被引密度图与各聚类中的高被引出版物见图68和表36。《火灾安全杂志》自引为3892次，位列第一。其他高被引期刊依次是《燃烧与火焰》（ Combust Flame，1456 ）、《消防技术》（ Fire Technol，1017 ）、《火灾与材料》（ Fire Mater，806 ）、《燃烧科学技术》（ Combust Sci Technol，730 ）、《燃烧学会会议论文》（ P Combust Inst，637 ）、《火灾安全科学》（ Fire Safety Sci，500 ）、《SFPE消防工程手册》（ SFPE Hdb Fire Protec，470 ）、《建筑钢研究杂志》（ J Constr Steel Res，453 ）、《工程结构》（ Eng Struct，366 ）、《国际传热传质杂志》（ Int J Heat Mass Tran，318 ）、《国际野火杂志》（ Int J Wildland Fire，301 ）、《火灾科学杂志》（ J Fire Sci，301 ）、《消防工程杂志》（ J Fire Prot Eng，281 ）、《能源与燃烧科学进展》（ Prog Energ Combust，242 ）、学位论文（ Thesis，234 ）、《结构工程》（ J Struct Eng—Asce，216 ）以及《聚合物降解与稳定性》（ Polym Degrad Stabil，213 ）。FSJ不仅刊载的论文多，而且引证的期刊最为广泛，在火灾科学领域的影响也最大。对FSJ进行聚类得到最为核心的四大引证期刊群，分别为聚类#1 火灾安全科学与技术、聚类#2 燃烧学、聚类#3 结构抗火研究以及聚类#4 材料与热解。此外，还包含了一些小类，例如，野火研究。

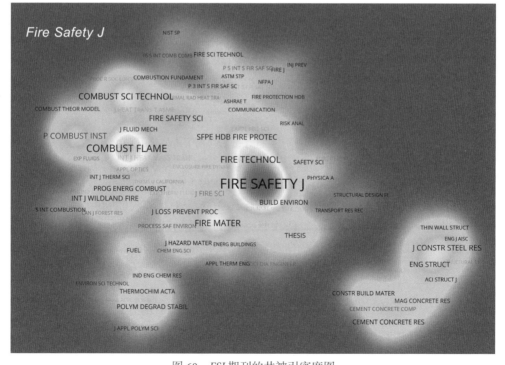

图 68　FSJ 期刊的共被引密度图

Fig.68　Journals co-citation density map of FSJ

表36 FSJ期刊共被引聚类中高被引出版物

Table 36 High cited sources of each cluster in FSJ

聚类名称	出版物（引证次数）
聚类#1 火灾安全科学与技术	*Fire Safety J*（3892），*Fire Technol*（1017），*SFPE Hdb Fire Protec*（470），*J Fire Sci*（301），*J Fire Prot Eng*（281），*Intro Fire Dynamics*（170），*Nist Special Publica*（101），*J Fire Flammability*（87），*J Appl Fire Sci*（71），*Communication*（59），*Fire J*（54）
聚类#2 燃烧学	*Combust Flame*（1456），*Combust Sci Technol*（730），*P Combust Inst*（637），*Int J Heat Mass Tran*（318），*Prog Energ Combust*（242），*J Heat Trans-T Asme*（164），*J Fluid Mech*（150），*Exp Therm Fluid Sci*（78），*Phys Fluids*（67），*Int J Therm Sci*（64），*J Quant Spectrosc Ra*（57），*Numer Heat Tr A-Appl*（55），*Combust Theor Model*（53）
聚类#3 结构抗火	*J Constr Steel Res*（453），*Eng Struct*（366），*Thesis*（234），*J Struct Eng—Asce*（216），*Cement Concrete Res*（197），*Constr Build Mater*（168），*Mag Concrete Res*（159），*Aci Mater J*（114），*Cement Concrete Comp*（87），*Nucl Eng Des*（84），*Aci Struct J*（80），*Mater Struct*（66），*Thin Wall Struct*（64），*J Mater Civil Eng*（58），*Struct Eng*（52）
聚类#4 材料与热解	*Fire Mater*（806），*Polym Degrad Stabil*（213），*J Loss Prevent Proc*（187），*J Hazard Mater*（165），*Fuel*（133），*Thermochim Acta*（105），*J Anal Appl Pyrol*（78），*Ind Eng Chem Res*（49），*Process Saf Environ*（49），*J Appl Polym Sci*（47），*Atmos Environ*（42），*Chem Eng Sci*（41）

注：*Fire Safety Sci*(500)和*Int J Wildland Fire*(301)不属于表中四个聚类，故未列在表中

4. JFS期刊的共被引学术地图

JFS期刊的共被引密度图与各聚类中的高被引出版物见图69和表37。JFS自引为1161次，位列所有被引出版物的首位。其他JFS高被引出版物有《火灾安全杂志》（*Fire Safety J*，886）《火灾与材料》（*Fire Mater*，701）《聚合物降解与稳定性》（*Polym Degrad Stabil*，700）、《燃烧与火焰》（*Combust Flame*，480）、《应用聚合物科学杂志》（*J Appl Polym Sci*，377）、《消防技术》（*Fire Technol*，269）、《燃烧科学技术》（*Combust Sci Technol*，228）、《纺织研究杂志》（*Text Res J*，188）、《可燃性杂志》（*J Fire Flammability*，177）、《SFPE消防工程手册》（*SFPE Hdb Fire Protec*，159）、《燃烧学会会议论文》（*P Combust Inst*，153）、《聚合物》（*Polymer*，120）、《聚合物先进技术》（*Polym Advan Technol*，115）、《热化学学报》（*Thermochim Acta*，108）《燃料》（*Fuel*，103）以及《火灾杂志》（*Fire J*，100）。对JFS期刊的共被引网络进行聚类，得到了三个显著的分区。依次是左侧的聚类#1 材料与热解，右侧的聚类#2 火灾与燃烧以及位于图谱上方的聚类#3 火灾化学、毒理学。

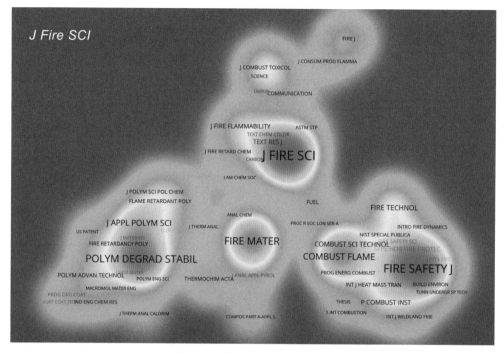

图 69　*JFS* 期刊的共被引密度图

Fig.69　Journals co-citation density map of *JFS*

表37　*JFS*期刊共被引聚类中高被引出版物
Table 37　High cited sources of each cluster in *JFS*

聚类名称	出版物（引证次数）
聚类#1 材料与热解	*Fire Mater*（701），*Polym Degrad Stabil*（700），*J Appl Polym Sci*（377），*Polymer*（120），*Polym Advan Technol*（115），*Thermochim Acta*（108），*Fire Retardancy Poly*（80），*Polym Int*（80），*Flame Retardant Poly*（77），*J Polym Sci Pol Chem*（76），*Eur Polym J*（75），*Acs Sym Ser*（74），*J Anal Appl Pyrol*（72），*Ind Eng Chem Res*（56）
聚类#2 火灾与燃烧	*Fire Safety J*（886），*Combust Flame*（480），*Fire Technol*（269），*Combust Sci Technol*（228），*SFPE Hdb Fire Protec*（159），*P Combust Inst*（153），*Fire Safety Sci*（91），*J Fire Prot Eng*（86），*Int J Heat Mass Tran*（81），*J Hazard Mater*（74），*Fire Sci Technol*（65），*J Loss Prevent Proc*（59），*Intro Fire Dynamics*（51），*Prog Energ Combust*（50）
聚类#3 火灾化学、毒理学	*J Fire Sci*（1161），*Text Res J*（188），*J Fire Flammability*（177），*Fuel*（103），*Fire J*（100），*J Combust Toxicol*（95），*Communication*（77），*J Consum Prod Flamma*（72），*Toxicol Appl Pharm*（63），*J Fire Retard Chem*（54），*Text Chem Color*（51）

4.2 火灾科学作者维度的知识基础学术地图

4.2.1 火灾科学全局被引作者分布

在火灾科学研究中，高被引作者一方面反映了该作者在火灾科学领域的重要影响力，另一方面高被引作者可以被认为是领域知识基础的供应者。这些高被引作者之所以高被引，在一定程度上是因为他们的工作成为后来火灾科学研究的基础，而被后续研究学者广泛引用。

火灾科学作者共被引分析结果如图70。图中作者的标签越大，则表示该作者在火灾科学领域的被引频次越高。作者与作者之间的距离反映了作者的共被引相似性。两位作者在空间的距离越近，则相似性越高。在密度图中，共被引关系密

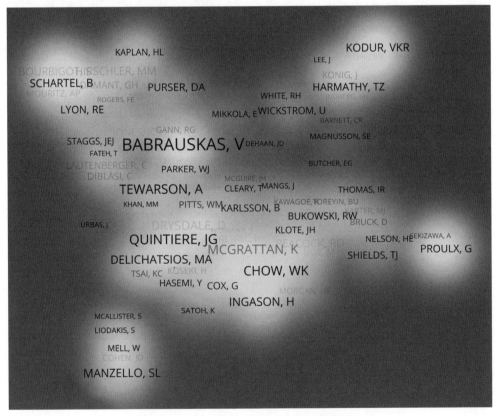

图 70   火灾高被引作者的共被引密度图

Fig.70   Authors co-citation density map of fire science

切的作者集聚在了一起，形成了不同的群落。本部分通过高被引作者来反映火灾科学研究知识基础的供应者，结果如表38。排在首位的是锥形量热仪的发明者和 *Ignition Handbook* 的作者Babrauskas, V。他从1977年至1993年一直在美国国家标准与技术研究所担任消防监理工程师，从1993年4月开始成立了消防科技公司，并持续至今。其曾在2002年1~12月担任美国伍斯特理工学院兼职教授。其他的高被引学者同样在火灾科学中做出了重要的贡献，参见图70和表38。

表38　火灾科学研究中的国际高被引作者（被引大于200次，不包含中国大陆学者）
Table 38　High cited authors in fire science research (citations more than 200, and researchers from China is not included)

编号	作者	度数	权重度	被引次数	作者单位	国家	代表关键词
1	Babrauskas, V	548	14625	1148	美国消防科技公司	美国	Ignition, explosions, HRR
2	Quintiere, JG	490	9882	590	美国马里兰大学	美国	Flame spread, flammability, compartment fire
3	Mcgrattan, K	437	5628	510	美国国家标准与技术研究所	美国	Fire modeling
4	Chow, WK	345	5835	508	香港理工大学	中国	Flashover, CFD, HRR
5	Tewarson, A	455	6760	496	美国FM全球公司	美国	Combustion, ignition, motor vehicles
6	Heskestad, G	369	5557	474	美国FM全球公司	美国	Scaling, extinction, transient
7	Thomas, PH	443	6923	457	美国国家标准与技术研究所	美国	HRR, Smoke alarms, wildfire, fire resistance
8	Drysdale, D	512	5899	421	英国爱丁堡大学	英国	HRR, longitudinal ventilation, tunnel fires
9	Manzello, SL	212	5570	345	美国国家标准与技术研究所	美国	Firebrands, ignition, wui fires, fire resistance
10	Ingason, H	267	3660	340	瑞典RISE技术研究院	瑞典	HRR, Tunnel fire, ventilation
11	Delichatsios, MA	396	5184	338	英国阿尔斯特大学	英国	Ignition, cone calorimeter, fire retardant
12	Janssens, M	386	4627	280	美国西南研究院	美国	Modeling, ignition, fire hazard
13	Schartel, B	212	3497	254	德国联邦材料研究与测试研究所	德国	Cone calorimeter, flammability, flame retardancy
14	Bourbigot, S	148	2598	250	法国国立里尔高等化学学院	法国	Intumescence, flame retardancy, polypropylene
15	Hirschler, MM	275	3669	250	美国GBH国际	美国	Heat release, polymers
16	Peacock, RD	311	3441	246	美国国家标准与技术研究所	美国	Evacuation, egress, human behavior
17	Kodur, VKR	159	1800	243	美国密歇根州立大学	美国	Fire resistance, numerical model, spalling

续表

编号	作者	度数	权重度	被引次数	作者单位	国家	代表关键词
18	Proulx, G	131	3635	240	加拿大国家研究委员会	加拿大	Evacuation, photolumines-cent
19	Cooper, LY	273	3166	237	美国Hughes公司	美国	Smoke, heat, sprinkler, vents
20	Mccaffrey, BJ	359	3460	233	美国国家标准局	美国	Smoke, heat, sprinkler, vents
21	Jones, JC	162	869	226	英国阿伯丁大学	苏格兰	Fire modeling, GIS
22	Purser, DA	257	3021	219	哈特福德环境研究所	英国	Toxicity, fire victims
23	Galea, ER	189	2590	213	英国格林尼治大学	英国	Evacuation, human behavior
24	Lyon, RE	247	3032	204	美国联邦航空局	美国	Flammability, thermakin

注：由于我国学者以及国际华人学者的名称识别存在很大难度，结果存在很大的偏差。为了保证结果的准确性，在分析中过滤了所有中国大陆学者，仅仅提供以国际学者为主的信息，以便我国学者对国际高被引学者群有一定的认识。度数表示与目标作者建立共被引关系的作者数，权重度是指目标作者与其他作者共被引关系强度总和

4.2.2　火灾科学期刊的被引作者分布

在四大火灾科学期刊作者共被引分析的基础上，进一步对各个期刊的作者共被引进行分析，以研究高被引作者在各个期刊上的分布情况。作者的共被引分析结果如图71。图中集聚在一起的学者表现出了高的相似性，即在研究内容上具有高的相关性。各个期刊中TOP 20的高被引作者如表39。来自美国消防科技公司的Babrauskas, V被引频次位于四大刊物的首位，反映了该学者在火灾科学研究中具有重要的影响力。此外，在四大期刊上都有重要影响力的学者还包括Chow, WK、Drysdale, D、Quintiere, JG以及Tewarson, A。除了*FM*，Mcgrattan, K和Thomas, PH在其他三大期刊上的被引频次都处在TOP 20的行列中。火灾科学研究的其他高被引作者，详见本部分图71和表39。

表39　火灾科学四大期刊TOP 20高被引作者分布
Table 39　High cited authors of each fire science journal

编号	*FM*被引作者	频次	*FSJ*被引作者	频次	*FT*被引作者	频次	*JFS*被引作者	频次
1	Babrauskas, V	340	Babrauskas, V	325	Babrauskas, V	179	Babrauskas, V	304
2	Schartel, B	149	Heskestad, G	293	Mcgrattan, K	162	Chow, WK	232
3	Tewarson, A	139	Thomas, PH	272	Manzello, SL	120	Jones, JC	179
4	Quintiere, JG	123	Quintiere, JG	251	Heskestad, G	113	Bourbigot, S	148
5	Lyon, RE	118	Mcgrattan, K	225	Ingason, H	104	Damant, GH	143
6	Janssens, M	114	Drysdale, D	210	Quintiere, JG	96	Quintiere, JG	120
7	Hirschler, MM	98	Ingason, H	198	Proulx, G	88	Weil, ED	105
8	Kashiwagi, T	89	Tewarson, A	188	Drysdale, D	76	Tewarson, A	104
9	Bourbigot, S	81	Delichatsios, MA	179	Bukowski, RW	70	Hirschler, MM	100

续表

编号	*FM*被引作者	频次	*FSJ*被引作者	频次	*FT*被引作者	频次	*JFS*被引作者	频次
10	Gilman, JW	80	Manzello, SL	155	Gwynne, S	69	Camino, G	87
11	Chow, WK	77	Kodur, VKR	154	Thomas, PH	69	Kaplan, HL	86
12	Horrocks, AR	73	Cooper, LY	134	Chow, WK	68	Levchik, SV	78
13	Drysdale, D	71	Chow, WK	131	Tewarson, A	65	Schartel, B	76
14	Galea, ER	70	Mccaffrey, BJ	122	Hall, JR	64	Hartzell, GE	75
15	Levchik, SV	67	Bailey, CG	121	Peacock, RD	61	Thomas, PH	73
16	Morgan, AB	67	Cox, G	93	Galea, ER	57	Alarie, Y	71
17	Proulx, G	67	Franssen, JM	93	Kuligowski, ED	57	Peacock, RD	71
18	Harmathy, TZ	66	Alpert, RL	90	Gottuk, DT	50	Mcgrattan, K	70
19	Delichatsios, MA	62	Lie, TT	90	Kodur, VKR	50	Lewin, M	65
20	Weil, ED	59	Beard, AN	85	Harmathy, TZ Janssens, M	48	Drysdale, D	64

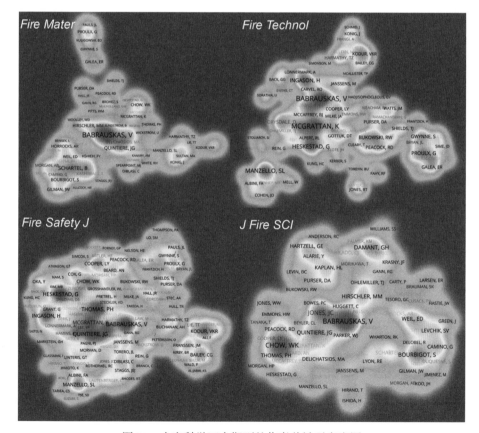

图 71　火灾科学四大期刊的作者共被引密度图

Fig.71　Authors co-citation density map of each fire science journal

4.3 火灾科学论文维度的知识基础学术地图

4.3.1 火灾科学全局被引文献分布

对1978~2018年火灾科学四大期刊论文的69607篇参考文献进行统计分析，如图72（a）。在火灾科学研究中，引用20世纪40年代之前的论文很少。20世纪40年代到21世纪，火灾研究所引用的文献量发生了急剧的增加。火灾科学研究引用文献的不断增加，在一定层面上反映了火灾科学研究的知识载荷在不断增加。 进一步对火灾科学引用论文的引证次数进行分析，结果如图72（b）。被引文献的引证次数显示，虽然火灾科学研究中引用了69607篇文献，但大量文献处在很低的被引频次。仅仅有少部分研究成果在火灾科学研究中得到了高频次的引用，这些成果集合已经成为火灾科学研究的知识基础。

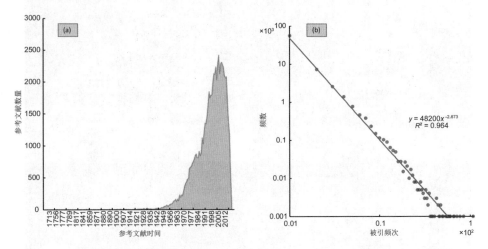

图 72 火灾科学研究中所引用参考文献的时间分布（a）和参考文献被引频次分布（b）
Fig.72 Citation distribution of cited references in fire science

在引文空间分析软件CiteSpace中设置分析参数为：Timespan 1980–2018, Selection Criteria Top 50 per slice, LRF= –0.1, LBY=10, E=2[*]，构建火灾科学研究的文献共被引网络，如图73。图中每一个节点代表一篇论著，节点的大小与论著的被引

---

* Timespan 表示所分析数据的时间跨度设置，Selection Criteria 表示每一个时间切片内节点选择的依据，又称阈值。LRF 全称为 Link Retaining Factor，表示 link 的取舍，即保留最强的 k 倍于网络大小的 link，剔除剩余的。LBY 全称为 Look Back Years，表示调节 link 在时间上的跨度不大于 n 年。E 表示 Node(TopN,e)={$n(i)|i \leq TopN \wedge f(n(i)) \geq e$}。

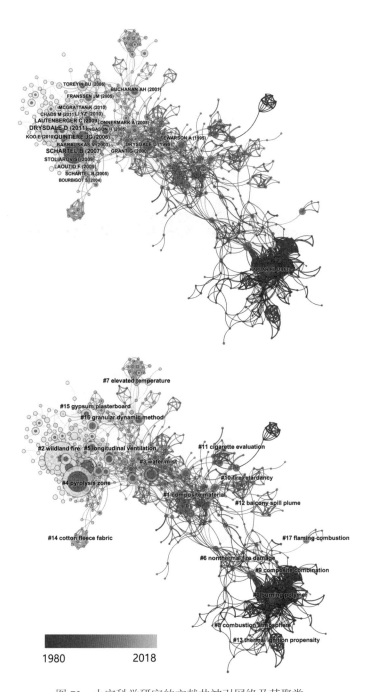

图 73 火灾科学研究的文献共被引网络及其聚类

Fig.73 References co-citaton network clusters of fire science

Timespan: 1980~2018; Selection Criteria: Top 50 per slice, LRF=−0.1, LBY=10, E=2; Network: N=776, E=3826(Densi-

ty=0.0127); Largest CC: 712(91%), Modularity=0.7579, Mean silhouette=0.5956

频次成正比，节点颜色的变化反映了论文从发表以后被引频次的时间分布。在论文引证的整个时间内，引用次数发生突变的节点使用红色填充。图中的连线表示论文之间的共被引关系，连线颜色代表了文献之间首次共被引关系建立的时间。图中带有#的标签表示使用LLR算法从施引论文标题中提取的聚类名称，用来表征共被引文献聚类对应的前沿术语。

表40列出了在火灾科学研究中被引前十的论著。在其中的专著中，火灾科学领域知名学者英国爱丁堡大学（University of Edinburgh）荣誉教授Drysdale D出版

表40　火灾科学四大期刊研究中排名前十的参考文献
Table 40　High cited references in fire science

编号	LCS*	GSS	出版年	作者	出版物.	标题术语	文献类型	表注编号
1	65	3179*	2011	Drysdale D	*Intro Fire Dynamics*	Fire Dynamics	图书	a
2	61	781	2007	Schartel B	*Fire Mater*	Fire Retarded Materials	期刊	b
3	41	681	2006	Quintiere JG	*Fundamentals Fire Ph*	Fundamentals, Fire Phenomena	图书	c
4	38	264	2009	Lautenberger C	*Fire Safety J*	Generalized Pyrolysis Model, Combustible Solids	期刊	d
5	31	141	2009	Stoliarov SI	*Combust Flame*	Burning Rates, Non-Charring Polymers	期刊	e
6	30	1162	2009	Laoutid F	*Mat Sci Eng R*	Flame Retardant Polymer Materials	期刊	f
7	29	218	2010	Li YZ	*Fire Safety J*	Tunnel Fires	期刊	g
8	28	3179*	1999	Drysdale D	*Intro Fire Dynamics*	Fire Dynamics	图书	h
9	25	1137	2001	Buchanan AH	*Structural Design Fi*	Structural Design, Fire Safety	图书	i
10	24	993	2003	Babrauskas V	*Ignition Hdb*	Ignition	图书	j
11	24	484	2000	Grant G	*Prog Energ Combust*	Fire Suppression, Water Sprays	期刊	k

注：LCS*为本地被引次数，由于对提取参考文献的回溯时间进行了设置，因此LCS*要小于实际的LCS。GSS表示文献在谷歌学术中的被引次数（检索日期2019-07-11），*表示多个版本总和

a. D. Drysdale, An Introduction to Fire Dynamics, third ed., Wiley, UK, 2011

b. Schartel, B. and Hull, T. R. (2007), Development of fire-retarded materials—Interpretation of cone calorimeter data. Fire Mater., 31: 327-354

c. J.D. Quintiere. Fundamentals of Fire Phenomena. Wiley, England (2006)

d LAUTENBERGER C, FERNANDEZ-PELLO C. Generalized pyrolysis model for combustible solids [J]. Fire Safety Journal, 2009, 44(6): 819-839

e. STOLIAROV S I, CROWLEY S, LYON R E, et al. Prediction of the burning rates of non-charring polymers [J]. Combustion and Flame, 2009, 156(5): 1068-1083

f. LAOUTID F, BONNAUD L, ALEXANDRE M, et al. New prospects in flame retardant polymer materials: From fundamentals to nanocomposites [J]. Materials Science and Engineering: R: Reports, 2009, 63(3): 100-25

g. Li, YZ, Lei, B, Ingason, H. Study of critical velocity and backlayering length in longitudinally ventilated tunnel fires. Fire Safety Journal, 2010; 45: 361-370

h. Drysdale D. An introduction to fire dynamics, 2nd ed. Chichester: Wiley, 1999. 在研究中发现有12篇论文引证的文献格式为1998年，即An introduction to fire dynamics (2nd ed), Wiley, Chichester, UK (1998)。经过查证实际上第二版出版在1999年，因此第二版的总被引次数应该为12+28=40次

i. A.H. Buchanan. Structural Design for Fire Safety. Wiley, Chichester (2001). 该版本应该出版在2001年，因为2002年被引的5次为误引。2001年和2002年一共被引的次数应该为30次

j. V. Babrauskas. Ignition Handbook, Fire Sciences Publishers (2003)

k. Grant G, Brenton J, Drysdale D. Fire suppression by water sprays. Progress in Energy and Combustion Science 2000; 26:79-130

的著作*An Introduction to Fire Dynamics*排在所有论著的首位。该著作分别在1985年（第一版）、1999年（第二版）、2011年（第三版）出版了3个不同的版次，在火灾科学研究中发挥了重要作用。排名第二的著作是来自美国马里兰大学荣誉教授Quintiere, James Gring出版的*Fundamentals of Fire Phenomena*。排名第三的是新西兰坎特伯雷大学荣誉教授Buchanan AH发表的*Structural Design for Fire Safety*。排在第四的是美国消防科技公司的Babrauskas V出版的*Ignition Handbook*，他在个人介绍中提到他的两项主要工作，一项是发明了锥形量热仪，另一项就是出版了*Ignition Handbook*。其余的高被引期刊文献则涉及阻燃材料、热解、燃烧、隧道火灾以及灭火等方面。不难看出，这些高被引参考文献已经成为相关火灾科学研究领域的知识基础，为后来的火灾科学相关研究提供基础支撑。

结合参考文献共被引网络的时间趋势（图73）及其聚类信息（表41），可以发现，火灾科学发展伊始，研究主要聚焦于常见的聚合物材料及其他常见可燃物的着火及燃烧特性，火灾过程中的热灾害特性（热辐射、火焰形态等）和非热灾害特性（主要是烟气输运过程）则是研究的重点，这一时期的研究成果为火灾科学的发展打下了坚实的理论基础，使人们逐渐认识到火灾发展过程中的热物理学规律。在此基础上，火灾研究逐渐向开发更加安全的阻燃材料和更加高效的灭火技术发展，材料方向研究主要集中于复合材料，阻燃性能是最主要的关注点之一。此外，细水雾灭火技术逐渐成为研究热点，发展清洁高效的灭火技术以满足不断涌现的各类大型建筑的消防需求是这一时期火灾科学研究的主要使命；近年来，火灾研究的基础不断完善，研究重点逐渐向较难模拟的大型化火灾场景演变，如森林大火发展过程中热解区域、火焰前锋、蔓延速度等参数的研究、纵向通风对隧道火灾中烟气运动规律的影响研究、火灾中人员疏散模型的研究等都是现阶段火灾研究的关键问题。

表41　火灾科学研究的聚类命名

Table 41　Cluster labels of the reference co-citation network in fire science

聚类编号	聚类规模	剪影值	平均时间	LSI聚类命名	LLR聚类命名	MI聚类命名
0	102	0.818	1983	Smoke; Toxicity; Burning Polymers	Burning Polymer; Potential Toxicity; Hydrogen-Cyanide Gases	Upitt-Ii Method; Hydroxyl-Functional Organophosphorus Oligomer; Thermal Behavior
1	102	0.841	1994	Polymers; Pyrolysis; Inert Additives	Composite Material; Using Single-Step First-Order Kinetics; Modelling Thermal Degradation	Fire Safety Engineering; Building Occupancies; Disabled People
2	99	0.809	2010	Ignition; Fire Tests; Flammable Materials	Wildland Fire; Predictive Capability; Pyrolysis Model	N-Heptane Pool Fire; High Altitude; Hydroxyl-Functional Organophosphorus Oligomer
3	77	0.893	1997	Wood; Fire; Walls	Water Mist; Sbi Test; Gypsum Board	Plume Flow; High Rack Storage; Hydroxyl-Functional Organophosphorus Oligomer

续表

聚类编号	聚类规模	剪影值	平均时间	LSI聚类命名	LLR聚类命名	MI聚类命名
4	61	0.8	2004	Cone Calorimeter; Pyrolysis; Numerical Model	Pyrolysis Zone; Polymer Nanocomposite; Further Validation	Ul-94 V-Rated Plastics; Hydroxyl-Functional Organophosphorus Oligomer; Thermal Behavior
5	45	0.863	2003	Tunnel Fires; Longitudinal Ventilation; Layering Length	Longitudinal Ventilation; Tunnel Fire; Model Scale Tunnel Fire	Bfd Curve; Hydroxyl-Functional Organophosphorus Oligomer; Thermal Behavior
6	38	0.845	1986	Evaluation; Corrosivity; Radiant Combustion Exposure Apparatus	Nonthermal Fire Damage; Deterministic Fire Model; Trench Effect	Nonthermal Fire Damage; Deterministic Fire Model; Trench Effect
7	35	0.96	2002	Fire; Behaviour; Small Composite Steel Frame Structure	Elevated Temperature; Membrane Action; Concrete Slab	Prestressed Slab; Concrete Spalling; Hydroxyl-Functional Organophosphorus Oligomer
8	35	0.927	1978	Toxicity; Influence; Combustion Products	Combustion Atmosphere; Biological Studies; Fire Processes	Combustion Atmosphere; Biological Studies; Fire Processes
9	24	0.938	1986	Rate; Various Upholstered Furniture; Heat Release Calorimeters	Composite Combination; State-University Instrument; Fabric Foam	Hydroxyl-Functional Organophosphorus Oligomer; Thermal Behavior
10	20	0.992	1995	Thermoplastic Polyurethanes; Carbonization Agents; Ammonium Polyphosphate Blends	Fire Retardancy; Polypropylene-Based Intumescent System; Thermoplastic Polyurethane	Thermal Behavior; Hydroxyl-Functional Organophosphorus Oligomer
11	18	0.997	1988	Cigarettes; Cotton Ducks; Upholstered Furniture Fabrics	Cigarette Evaluation; Residential Upholstered Furniture; Cellulosic Upholstery Fabrics	Second Opinion; Hydroxyl-Functional Organophosphorus Oligomer
12	13	0.991	1995	Zone Model; Flashover; Application	Balcony Spill Plume; Zone Model; Cabin Fire	Balcony Spill Plume; Zone Model; Cabin Fire
13	11	0.995	1987	Approximate Rate Expression; Forest Litter; Combustion	Thermal Ignition Propensity; Forest Floor Litter Forest Litter	Heat Release Rate; Wildland Fire; Thermal Ignition Propensity
14	10	0.998	2003	Cotton Fleece Fabric; Flame Retardant; 4-Butanetetracarboxylic Acid	Cotton Fleece Fabric; Hydroxy-Functional Organophosphorus Oligomer; Flame Retardant	Cotton Fleece Fabric; Hydroxy-Functional Organophosphorus Oligomer
15	9	0.948	2004	Gypsum Plasterboards; Numerical Analysis; Radiant Heat Flux	Gypsum Plasterboard; Elevated Temperature; Determining Thermal Properties	Hydroxyl-Functional Organophosphorus Oligomer; Thermal Behavior; Long Duration
16	8	0.97	2001	Comparative Study; Effectiveness; Smoke Alarms	Granular Dynamic Method; Egress Pattern; Smoke Alarm	Using Bayesian Network; Decision Tool; Human Fatality
17	5	0.985	1994	Orest Materials; Dynamics; Flaming Combustion; Packed-Beds	Flaming Combustion; Forest Material; Bituminous Coal	Long Duration; Steady Behaviour; Hydroxyl-Functional Organophosphorus Oligomer

4.3.2 火灾科学全局施引文献分布

火灾科学领域内的高影响力施引文献与高被引参考文献类似，可以为本领域提供"知识基础"层面的保障，并促进领域的不断发展。前面章节使用共被引分析，从被引期刊、被引作者以及被引文献角度进行了火灾科学知识基础的分析。在以上章节的基础上，本部分采用文献耦合的分析方法来构建四大火灾科学期刊中论文耦合聚类，从另一个视角来分析火灾科学中的知识基础文献。

首先，对四大火灾科学期刊上发表的5000余篇论文的被引频次分布进行分析，以便从更加宏观的层面认识火灾科学领域内部"自知识"的影响力情况。1978~2018年，火灾科学研究论文的被引分布呈现中间高、两头低的分布特征[图74(a)]。施引文献呈现这种分布的原因主要是，早期火灾科学研究成果相对较少，论文的年度总被引自然会比较少。随着火灾科学的发展，火灾科学研究产出增多，积累了大量高影响力论文。近几年论文被引频次呈现下降的主要原因是，论文被引受到时间累积的影响，新近发表的论文被引频次普遍较低。进一步从"被引频次-论文数"的分布对施引文献进行分析[图74(b)]，结果显示有大量论文的被引频次分布在低被引区域，仅仅有很少的论文获取了较高的被引频次，这种知识信息分布的不平衡在科学知识系统内部普遍存在。

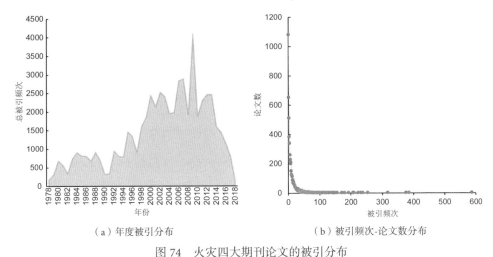

（a）年度被引分布　　　　　　　　　（b）被引频次-论文数分布

图 74　火灾四大期刊论文的被引分布

Fig.74　Citations distribution of papers published in four fire science journals

在四大火灾科学期刊的高被引论文中，排名前十的论文被引频次都超过了200次（表42）。其中来自*Fire Safety Journal*的论文有5篇，*Fire and Materials*的论文有4篇，*Journal of Fire Sciences*的论文有1篇。TOP 10高被引论文的来源期刊显示

*FSJ*和*FM*在火灾科学研究中具有重要影响力。Schartel, B在*FM*上发表的论文《开发阻燃材料——锥形量热仪数据阐释》，在Web of Science（下称WoS）中不仅被引次数排名第一，而且年均被引也排在第一。这表明该论文自2007年发表以后，迅速得到了火灾科学共同体的关注和引用，在火灾领域产生了比较大的影响。WoS总被引排名第二的论文亦来自*FM*，是Huggett, C发表的《基于耗氧测量估算热释放速率》的方法性论文。排名第六的*FM*论文《锥形量热仪——基于氧耗法的小尺寸热释放速率测试仪器》是火灾研究中有关实验设备的开发类论文。排名第七的*FM*为《PA-6黏土纳米复合材料混合物作为膨胀型配方中的成炭剂》，是阻燃材料的研究。

表42 火灾科学四大期刊中被引排名前十的论文
Table 42 High cited papers in fire science journal

序号	作者	时间	WoS被引频次	年均被引	谷歌引用次数	期刊	表注编号
1	Schartel, B	2007	587	45.15	781	*Fire and Materials*	a
2	Huggett, C	1980	386	9.65	993	*Fire and Materials*	b
3	Babrauskas, V	1992	376	13.43	776	*Fire Safety Journal*	c
4	Levchik, S	2006	317	22.64	488	*Journal of Fire Sciences*	d
5	Wu, Y	2000	254	12.70	575	*Fire Safety Journal*	e
6	Babrauskas, V	1984	238	6.61	599	*Fire and Materials*	f
7	Bourbigot, S	2000	232	11.60	366	*Fire and Materials*	g
8	Schneider, U	1988	223	6.97	473	*Fire Safety Journal*	h
9	Arioz, O	2007	210	16.15	427	*Fire Safety Journal*	i
10	Hertz, K	2003	207	12.18	469	*Fire Safety Journal*	j

a. Schartel B, Hull T R. Development of fire - retarded materials—interpretation of cone calorimeter data[J]. Fire and Materials: An International Journal, 2007, 31(5): 327-354

b. Huggett C. Estimation of rate of heat release by means of oxygen consumption measurements[J]. Fire and Materials, 1980, 4(2): 61-65

c. Babrauskas V, Peacock R D. Heat release rate: the single most important variable in fire hazard[J]. Fire safety journal, 1992, 18(3): 255-272

d. Levchik S V, Weil E D. A review of recent progress in phosphorus-based flame retardants[J]. Journal of fire sciences, 2006, 24(5): 345-364

e. Wu Y, Bakar M Z A. Control of smoke flow in tunnel fires using longitudinal ventilation systems–a study of the critical velocity[J]. Fire safety journal, 2000, 35(4): 363-390

f. Babrauskas V. Development of the cone calorimeter—a bench - scale heat release rate apparatus based on oxygen consumption[J]. Fire and Materials, 1984, 8(2): 81-95

g. Bourbigot S, Bras M L, Dabrowski F, et al. PA - 6 clay nanocomposite hybrid as char forming agent in intumescent formulations[J]. Fire and Materials, 2000, 24(4): 201-208

h. Schneider U. Concrete at high temperatures—a general review[J]. Fire safety journal, 1988, 13(1): 55-68

i. Arioz O. Effects of elevated temperatures on properties of concrete[J]. Fire safety journal, 2007, 42(8): 516-522

j. Hertz K D. Limits of spalling of fire-exposed concrete[J]. Fire safety journal, 2003, 38(2): 103-116

在*FSJ*上发表的5篇高被引论文中，排在第一位的是Babrauskas, V发表的《热释放速率：火灾灾害中最重要的变量》，是早期对热释放速率的探讨。目前，热释放速率已经成为最为基础的火灾危险性分析参数之一。*FSJ*排名第二至五位的论文依次是《使用纵向通风系统控制隧道火灾中的烟气流动——临界风速研究》、《高温条件下的混凝土研究综述》、《高温对混凝土性能的影响》以及《混凝土火灾暴露下的剥落极限》。从四大火灾科学的高被引论文不难得出，火灾高影响论文分布在实验方法、仪器开发、实验指标等方面。

进一步对Top 1000的四大火灾科学期刊论文的耦合网络进行聚类，如图75。共得到10个聚类，依次为聚类#1 火灾实验与模拟研究、聚类#2 阻燃材料、聚类#3

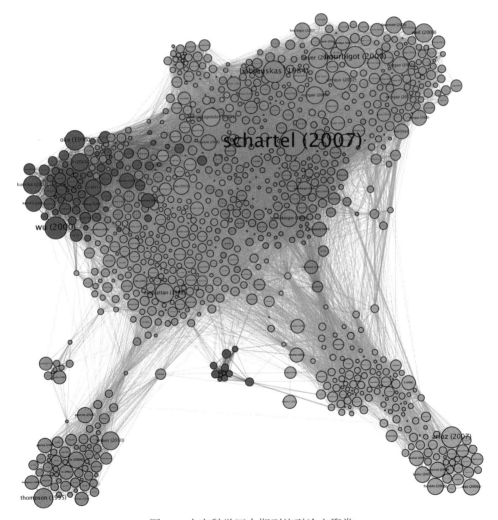

图 75　火灾科学四大期刊施引论文聚类

Fig.75　Papers bibliographic coupling of fire science

热解与火蔓延、聚类#4 结构抗火、聚类#5 隧道火灾、聚类#6 人员疏散、聚类#7
火灾热释放速率研究、聚类#8 野火研究、聚类#9 水灭火系统研究以及聚类#10 玻璃幕墙耐火性研究，各聚类被引TOP 10的论文参见表43，详细信息参见附录B。

表43　火灾四大期刊施引文献聚类（各类中被引TOP 10）
Table 43　High cited papers of each cluster in fire science

聚类名称	施引文献
聚类#1 火灾实验与模拟研究	Mcgrattan (1998)、Ma (2003)、Xue (2001)、Woodburn (1996)、Silvani (2009)、Zhang (2002)、Lautenberger (2005)、Yuan (1996)、Wen (2007)、Audouin (1995)
聚类#2 阻燃材料	Bourbigot (2000)、Beyer (2001)、Weil (2008)、Devaux (2002)、Morgan (2013)、Morgan (2007)、Morgan (2002)、Duquesne (2003)、Bourbigot (2002)、Morgan (2005)
聚类#3 热解与火蔓延	Schartel (2007)、Lautenberger (2009)、Spearpoint (2001)、Lautenberger (2006)、Moghtaderi (2006)、Lyon (2000)、Staggs (1999)、Yan (1996)、Stoliarov (2009)、Hagen (2009)
聚类#4 结构抗火	Arioz (2007)、Husem (2006)、Xiao (2006a)、Kodur (2007)、Behnood (2009)、Dwaikat (2009)、Li (2005)、Thomas (2002)、Gardner (2006)、Holborn (2003)
聚类#5 隧道火灾	Wu (2000)、Oka (1995)、Kurioka (2003)、Li (2010)、Kunsch (2002)、Li (2011)、Hwang (2005)、Ingason (2010)、Lonnermark (2005)、Tilley (2011)
聚类#6 人员疏散	Thompson (1995)、Kobes (2010)、Lo (2006)、Gwynne (2001)、Gwynne (1999)、Lo (2004)、Thompson (1995)、Shields (2000)、Yuan (2011)、Gubbi (2009)
聚类#7 火灾热释放速率研究	Babrauskas (1984)、Ingason (2005)、Parker (1984)、Walters (2000)、Nazare (2002)、Zeng (2002)、Babrauskas (1998)、Zeng (2002a)、Lyon (2003)、Esposito (1988)
聚类#8 野火研究	Dimitrakopoulos (2001)、Tse (1998)、Morvan (2009)、Morandini (2001)、Manzello (2006)、Morvan (2011a)、Santoni (2006)、Viegas (2011)、Manzello (2008a)、Anthenien (2006)
聚类#9 水灭火系统研究	Downie (1995)、Ndubizu (1998)、Tseng (2006)、Tang (2013)、Hua (2002)、Yao (1999)、Back (2000)、Jenft (2014)、Liu (2007)、Hostikka (2006)、Wang (2002)
聚类#10 玻璃幕墙耐火性研究	Xie (2008)、Manzello (2007b)、Wang (2014)、Kang (2009)、Klassen (2006)、Wang (2014b)、Wang (2015a)、Pope (2007)、Klassen (2010)、Xie (2011)

4.4　本章小结

火灾科学研究中的高被引期刊、作者以及论文构成了领域的知识基础。与此同时，高影响的四大火灾科学期刊上刊登的论文也成为后来火灾研究的基础。本章分别从共被引视角对火灾科学研究的期刊、作者、参考文献进行了分析，并采用文献耦合方法对施引文献进行了分析，以研究火灾科学研究的知识基础。对本章分析的结果做如下简要总结：

（1）对期刊的分析显示，火灾科学研究引用的期刊主要有*Fire Safety J*、*Fire Mater*、*Fire Technol*、*Combust Flame*、*J Fire Sci*、*Polym Degrad Stabil*以及*Combust Sci Technol*等。对火灾科学研究所引用的期刊进行聚类，得到四大类。分别为聚类#1 火灾安全科学、聚类#2 材料与热解、聚类#3 燃烧学以及聚类#4 建筑结构。在对全局被引期刊分析的基础上，还对四大火灾科学期刊的共被引进行了分析。

（2）对被引作者的分析显示，火灾科学研究中的高影响力学者有Babrauskas, V、Quintiere, JG、Mcgrattan, K、Chow, WK以及Tewarson, A等。他们从不同的方面为火灾科学的研究做出了重大的贡献。在作者的共被引分析中发现，来自企业界的Babrauskas, V，不仅论文总被引排名第一位，而且在各个期刊上被引也排名第一。

（3）对文献共被引网络的分析显示,高被引论文涉及的主题包含了阻燃材料、热解、隧道火灾以及灭火等研究主题。特别地，在分析中得到了4本火灾科学领域的重要著作。对火灾科学的聚类及其演变过程分析显示，早期火灾研究主要分布在聚合物材料及常见可燃物的着火及燃烧特性等方面，随着发展，研究逐渐向开发更加安全的阻燃材料和更加高效的灭火技术发展。在此过程中，细水雾灭火技术逐渐成为研究热点。近年来，火灾科学向较难模拟的大型化火灾场景演变，如森林大火发展过程中热解区域、火焰前锋、蔓延速度等参数的研究、纵向通风对隧道火灾中烟气运动规律的影响研究、火灾中人员疏散模型的研究等都是现阶段火灾研究的关键问题。

进一步对被引频次前1000的施引文献进行耦合分析，共得到了10个细分的聚类，分别为聚类#1 火灾实验与模拟研究、聚类#2 阻燃材料、聚类#3 热解与火蔓延、聚类#4 结构抗火、聚类#5 隧道火灾、聚类#6 人员疏散、聚类#7 火灾热释放速率研究、聚类#8 野火研究、聚类#9 水灭火系统研究、聚类#10 玻璃幕墙耐火性研究。这些聚类中对应的高被引论文同样成为火灾科学研究的知识基础。

第 5 章　野火科学学术地图

5.1　野火科学产出与合作

本部分以*International Journal of Wildland Fire*（简称*IJWF*）和*Fire Ecology*（简称*FE*）上发表的1808篇论文为分析样本，进行野火科学学术地图的研究。*IJWF*作为历史悠久的野火研究期刊，在WoS收录的时间最早从1993年开始。*IJWF*刊载的论文主要集中在有关野火的应用研究上，如火灾过程的基本原理、野火对生态的影响、火灾模拟以及火灾管理。*FE*作为新兴的野火期刊，其收录仅仅从2010年开始。其主要关注火灾与环境生态的关系，涉及的主题范围包含了物理或生物火灾效应、气候变化对野火的影响、火灾行为以及政策与管理方面的内容。

5.1.1　野火研究的产出趋势

综合两本国际野火研究期刊的论文产出，对野火研究论文年度产出分析如图76。从整体产出趋势上看，野火的研究产出呈增长的趋势，这反映了相关国际科学研究机构对野火研究关注度的提高。从单个期刊维度分析显示：*IJWF*的年度产出在1993~2005年相对平稳，2005~2016年呈现了相对明显的增长态势。2017~2018年的产出相对之前有一定的回落。*FE*作为新野火研究期刊，其论文的年度产出变化不大，目前保持年产论文量在30篇以下。

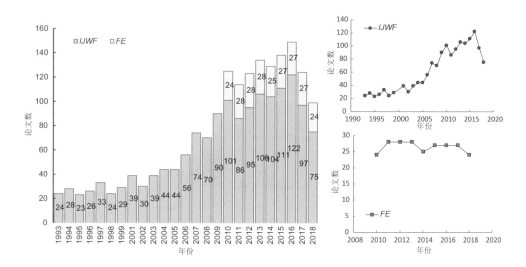

图76　国际野火论文产出的年度分布

Fig.76　Publication trends of international wildfire research

5.1.2　野火研究的产出与合作

1.国家/地区的产出与合作

国际野火研究的国家/地区产出与合作如图77和表44。在国际野火研究中，美国以901篇论文的发文量（占比49.8%），位居第一位。美国在野火发文数量上远远超过其他国家/地区，比第二位澳大利亚多出595篇。在国际野火研究中，出现了美国"一家独大"的局面。此外，澳大利亚以发文量306篇，位居第二。相比之下，第三位的加拿大和第四位的西班牙在论文的数量上又与第二位的澳大利亚形成较大的差距。其余的国家/地区在野火上的发文量都低于100篇。我国在两大期刊上发文量30篇，排名并列第九位，论文总量也仅仅为美国的3.3%。

在野火研究的全球合作上，美国、加拿大和澳大利亚形成了野火国际合作上的"铁三角"。这三个国家不仅在野火产出上表现突出，而且它们之间建立了密切的合作关系。此外，美国还与西班牙和英格兰在领域上合作密切。在整个网络中美国与其他的16个国家/地区都建立了合作关系。我国在网络中仅仅与美国、澳大利亚、加拿大和葡萄牙建立了合作关系。

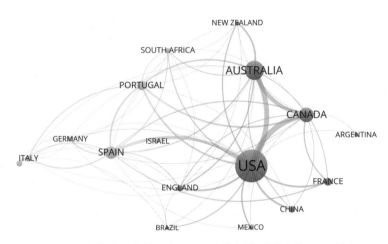

图 77　野火科学研究的国家／地区合作网络（论文数≥10篇）

Fig.77　Countries/regions collaboration network of wildfire research

表44　野火科学研究的国家/地区产出与合作（论文数≥10篇）

Table 44　Publication outputs and collaboration of countries/regions in wildfire research

编号	国家/地区（英文）	国家/地区（中文）	论文数	被引次数	平均年份	篇均被引	合作国家/地区数
1	USA	美国	901	20189	2011.33	22.41	16
2	AUSTRALIA	澳大利亚	306	6708	2011.77	21.92	13
3	CANADA	加拿大	180	4891	2010.22	27.17	13
4	SPAIN	西班牙	130	3236	2010.54	24.89	14
5	PORTUGAL	葡萄牙	72	2069	2009.39	28.74	9
6	FRANCE	法国	52	806	2010.56	15.50	4
7	ITALY	意大利	33	641	2011.64	19.42	9
8	GREECE	希腊	31	675	2008.13	21.77	4
9	ENGLAND	英格兰	30	523	2014.40	17.43	9
10	CHINA	中国	30	215	2014.13	7.17	4
11	SOUTH AFRICA	南非	26	571	2011.62	21.96	8
12	GERMANY	德国	22	352	2011.64	16.00	9
13	ARGENTINA	阿根廷	16	165	2011.81	10.31	2
14	ISRAEL	以色列	15	294	2004.67	19.60	3
15	NEW ZEALAND	新西兰	14	185	2013.57	13.21	7
16	MEXICO	墨西哥	12	283	2011.25	23.58	3
17	BRAZIL	巴西	10	122	2014.10	12.20	5

　　从国际野火国家/地区发文的平均时间来看，中国、英格兰、巴西和新西兰是近期野火发文活跃的国家/地区。葡萄牙和以色列的平均发文时间显著早于其他国家/地区，是早期的野火研究机构。美国、加拿大、澳大利亚、西班牙以及

德国等则是在2010~2012年活跃的国家/地区（图78）。

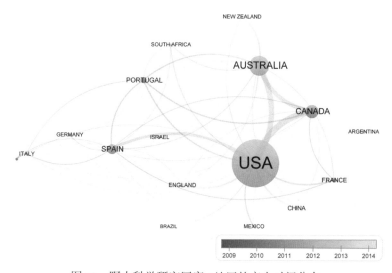

图 78　野火科学研究国家 / 地区的产出时间分布

Fig.78　Average publication year of each country/region in wildfire research

在国家/地区论文篇均被引分布上，加拿大、葡萄牙以及西班牙论文的篇均被引处在第一梯队。美国、澳大利亚、南非、墨西哥以及希腊论文篇均被引介于20~25之间。德国、英格兰、法国以及新西兰的篇均被引分布在15~20之间。巴西、阿根廷以及我国论文篇均被引频次较低，位于10次左右（图79）。

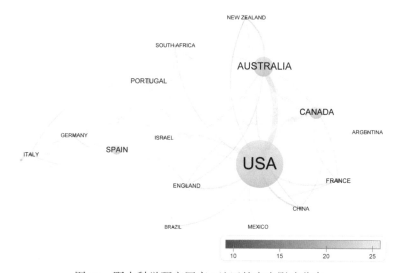

图 79　野火科学研究国家 / 地区的产出影响分布

Fig.79　Average citation of each country/region in wildfire research

2. 机构的产出与合作

国际野火研究机构的合作密度图如图80。机构产出与合作的详细信息如表45。从密度图上不难得出，在国际野火研究中，形成了以来自美国的机构和以澳大利亚CSIRO等为核心的合作团队。此外，加拿大的机构在野火研究中也表现突出。野火高产机构与国家/地区的产出合作高度相关，即野火的高产机构主要来源于高产国家或地区（例如美国、加拿大以及澳大利亚等）。

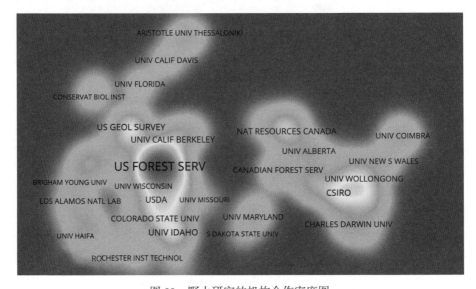

图 80 野火研究的机构合作密度图

Fig.80 Institutions collaboration density map of wildfire research

表45 野火研究的机构产出与合作
Table 45 Institutions' outputs and collaboration of wildfire research

编号	发文机构	地区	论文数	被引频次	平均年份	篇均被引	合作机构数
1	US FOREST SERV	美国	335	7229	2011.89	21.58	42
2	UNIV IDAHO	美国	70	1968	2012.73	28.11	24
3	US GEOL SURVEY	美国	70	2138	2011.97	30.54	25
4	CSIRO	澳大利亚	69	2686	2010.81	38.93	16
5	UNIV MONTANA	美国	54	1124	2011.89	20.81	16
6	USDA	美国	53	1724	2008.09	32.53	13
7	OREGON STATE UNIV	美国	48	864	2013.58	18.00	16
8	UNIV MELBOURNE	澳大利亚	46	560	2014.30	12.17	15
9	NAT RESOURCES CANADA	加拿大	44	1704	2010.95	38.73	10
10	BUSHFIRE COOPERAT RES CTR	澳大利亚	42	1227	2011.50	29.21	14

续表

编号	发文机构	地区	论文数	被引频次	平均年份	篇均被引	合作机构数
11	NO ARIZONA UNIV	美国	42	1239	2010.90	29.50	9
12	UNIV CALIF BERKELEY	美国	41	1601	2011.37	39.05	21
13	COLORADO STATE UNIV	美国	35	582	2012.77	16.63	19
14	UNIV ALBERTA	加拿大	35	696	2012.14	19.89	13
15	CANADIAN FOREST SERV	加拿大	34	1038	2008.41	30.53	12
16	UNIV ARIZONA	美国	32	539	2012.03	16.84	12
17	AUSTRALIAN NATL UNIV	澳大利亚	31	654	2011.71	21.10	13
18	UNIV WOLLONGONG	澳大利亚	31	787	2012.84	25.39	12
19	CHARLES DARWIN UNIV	澳大利亚	30	839	2010.17	27.97	11

3. 作者的产出与合作

野火研究的作者是野火知识产出的最小单元，对作者的分析有助于在最小粒度上定位野火"智力"分布，对我国学者寻求科研合作有重要参考意义。野火研究作者的合作密度图如图81。高产作者的产出分布及合作参见表46。高产作者的分布与高产国家/地区、机构具有强的关联性，即高产作者也主要来源于高产国家/地区及其相关机构（即主要来源于美国、加拿大等国家及其对应机构）。在作者合作密度图中，基于作者发表论文的平均时间，标记了早期野火的研究群落（平均发文都在2000年以前）、中期野火的研究群落（平均发文主要集中在2006~2010年之间）以及近期野火研究的活跃群落（平均发文集中在2014年前后）。

作者产出排名第一的是来自加拿大UNIV ALBERTA的Flannigan, Mike D，他在两大野火期刊上发表论文32篇，并在当前的密度图中与24位学者建立了合作关系。在列出的高产学者中，Flannigan, Mike D平均发文时间为2008.84年，相对属于早期的活跃学者。排名第二的Smith, Alistair M. S在近期相对活跃，其发表的29篇论文整体发表的平均时间为2013.28年，是当前国际野火研究的新兴力量。来自葡萄牙科英布拉大学的Viegas, DX以发文28篇位于第三位，其发表论文的平均时间为2007.39年，属于中期野火研究的重要作者。基于两本国际期刊的作者分析不难得出：我国在国际层面野火研究表现突出的人才是匮乏的，今后我国火灾人才培养中，野火方向需要进一步继续加强。

图81 野火研究的作者合作密度图

Fig.81 Authors collaboration density map of international wildfire research

表46 野火研究的高产作者分布
Table 46 High productive authors in wildfire research

编号	作者	机构	国家/地区	论文数	被引频次	平均年份	篇均被引	合作作者数
1	Flannigan, Mike D	UNIV ALBERTA	加拿大	32	1426	2008.84	44.56	24
2	Smith, Alistair M. S	UNIV IDAHO	美国	29	892	2013.28	30.76	21
3	Viegas, DX	UNIV COIMBRA	葡萄牙	28	587	2007.39	20.96	6
4	Bradstock, Ross A	UNIV WOLLONGONG	澳大利亚	25	951	2009.00	38.04	16
5	Cruz, Miguel G	CSIRO	澳大利亚	24	606	2012.75	25.25	14
6	Alexander, Martin E	UNIV ALBERTA	加拿大	23	673	2009.83	29.26	8
7	Calkin, David E	US FOREST SERV	美国	22	297	2014.64	13.50	5
8	Russell-Smith, Jeremy	CHARLES DARWIN UNIV	澳大利亚	22	1003	2007.82	45.59	8
9	Butler, Bret W	US FOREST SERV	美国	21	407	2011.29	19.38	13
10	Hudak, Andrew T	USDA FOREST SERV	美国	21	701	2014.24	33.38	19
11	Dickinson, Matthew B	USDA FOREST SERV	美国	20	344	2013.70	17.20	13
12	Fule, Peter Z	NO ARIZONA UNIV	美国	20	763	2009.25	38.15	9
13	Keeley, Jon E	US GEOL SURVEY	美国	20	1126	2011.05	56.30	6
14	Robichaud, Peter R	US FOREST SERV	美国	19	354	2011.74	18.63	10
15	Stephens, Scott L	UNIV CALIF BERKELEY	美国	18	401	2012.11	22.28	9
16	Wotton, B. Mike	UNIV TORONTO	加拿大	18	1158	2008.83	64.33	12

编号	作者	机构	国家/地区	论文数	被引频次	平均年份	篇均被引	合作作者数
17	Cheney, NP	CSIRO	澳大利亚	17	711	1996.71	41.82	11
18	Gill, Am	CSIRO	澳大利亚	17	764	2005.59	44.94	9
19	Price, Owen F	UNIV WOLLONGONG	澳大利亚	17	507	2012.12	29.82	14
20	Gould, JS	CSIRO	澳大利亚	16	842	2008.19	52.63	17
21	Sullivan, Andrew L	CSIRO	澳大利亚	16	506	2012.06	31.63	7
22	Varner, J. Morgan	HUMBOLDT STATE UNIV	美国	16	259	2013.13	16.19	4
23	Cary, Geoffrey J	AUSTRALIAN NATL UNIV	澳大利亚	15	346	2012.93	23.07	10
24	Morgan, Penelope	UNIV IDAHO	美国	15	661	2013.00	44.07	17

5.2 野火被引期刊学术地图

野火研究中高被引期刊的共被引聚类如图82，各类中的高被引期刊如表47。

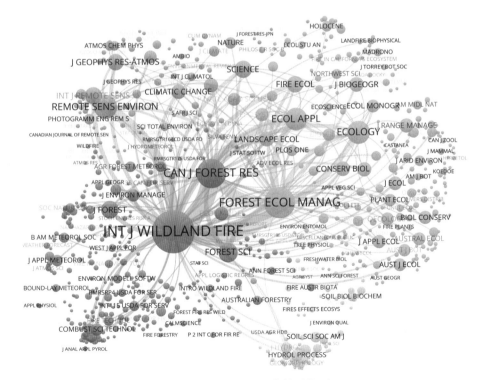

图 82 野火研究中的高被引期刊

Fig.82 Journals co-citations cluster of wildfire research

表47 野火研究各聚类中的高被引期刊
Table 47 High cited journals in each cluster of wildfire research

聚类命名	被引期刊（被引频次）
聚类#1 野火（火灾与森林相关研究）	*Int J Wildland Fire*（6667）, *Can J Forest Res*（2619）, *Forest Sci*（919）, *J Forest*（743）, *Ecol Model*（394）, *Combust Sci Technol*（308）, *J Environ Manage*（308）, *Combust Flame*（268）, *J Appl Meteorol*（255）, *Environ Manage*（227）, *Fire Safety J*（226）, *Agr Forest Meteorol*（206）, *Forest Chron*（202）, *Int115 Usda For Serv*（190）, *Forest Fire Control*（188）, *B Am Meteorol Soc*（183）, *Fire Technol*（176）, *Soc Natur Resour*（169）, *Mon Weather Rev*（151）
聚类#2 生态科学研究	*Forest Ecol Manag*（2997）, *Ecology*（1364）, *Ecol Appl*（1297）, *Fire Ecol*（608）, *Landscape Ecol*（515）, *J Biogeogr*（466）, *Conserv Biol*（458）, *J Veg Sci*（442）, *J Range Manage*（430）, *J Ecol*（398）, *Ecosystems*（380）, *J Appl Ecol*（360）, *Biol Conserv*（352）, *Oecologia*（350）, *Ecol Monogr*（346）, *Aust J Ecol*（334）, *Austral Ecol*（327）, *Plant Ecol*（315）, *Aust J Bot*（306）, *Bioscience*（305）, *Plos One*（259）, *Ecosphere*（211）, *J Arid Environ*（203）
聚类#3 野火识别与影响因素（遥感技术、大气、气候变化等）	*Remote Sens Environ*（1433）, *Science*（730）, *Int J Remote Sens*（668）, *J Geophys Res-Atmospheres*（613）, *Climatic Change*（473）, *Global Change Biol*（429）, *Geophys Res Lett*（349）, *P Natl Acad Sci USA*（337）, *Nature*（247）, *Photogramm Eng Rem S*（217）, *J Climate*（206）, *IEEE T Geosci Remote*（177）, *Atmos Chem Phys*（172）, *Atmos Environ*（156）, *Global Biogeochem Cy*（132）, *J Geophys Res-Biogeo*（132）, *Int J Climatol*（127）, *Sci Total Environ*（107）
聚类#4 野火中与土壤环境相关研究	*Hydrol Process*（270）, *Catena-An Interdisciplinary Journal of Soil Science*（246）, *Soil Sci Soc Am J*（239）, *J Hydrol*（234）, *Soil Biol Biochem*（175）, *Water Resour Res*（155）, *Geoderma*（137）, *Geomorphology*（124）, *Plant Soil*（118）, *Soil Sci*（110）, *Earth-Sci Rev*（96）, *Earth Surf Proc Land*（70）, *Biogeochemistry*（66）, *Aust J Soil Res*（61）, *Rmrsgtr42 Usda For S*（59）, *Fires Effects Ecosys*（49）, *Land Degrad Dev*（42）

在野火研究所发表的论文中，引用排名前十的期刊分别为*Int J Wildland Fire*（6667）、*Forest Ecol Manag*（2997）、*Can J Forest Res*（2619）、*Remote Sens Environ*（1433）、*Ecology*（1364）、*Ecol Appl*（1297）、*Forest Sci*（919）、*J Forest*（743）、*Science*（730）以及*Int J Remote Sens*（668）。对野火研究中的高被引期刊进行聚类，共得到4个研究方向，分别为聚类#1 野火（火灾与森林相关研究）、聚类#2 生态科学研究、聚类#3 野火识别与影响因素（遥感技术、大气、气候变化等）以及聚类#4 野火中与土壤环境相关研究。其中，聚类#1 为野火研究的核心类，是野火研究最为主要的知识源。其他期刊聚类则反映了野火研究的跨学科性及其外来知识补给的来源。例如，目前野火的研究已经与生态、遥感技术、大气、气候变化以及土壤环境等研究息息相关。

5.3 野火主题学术地图

提取了词频不小于10次的主题词，构建了国际野火研究的主题学术地图，结果如图83。将国际野火研究主题主要划分为四大类，分别为聚类#1 野火与生态研究、聚类#2 野火行为、燃料等研究、聚类#3 野火的探测技术以及聚类#4 野火管理与救援，各类中的高频主题参见表48。

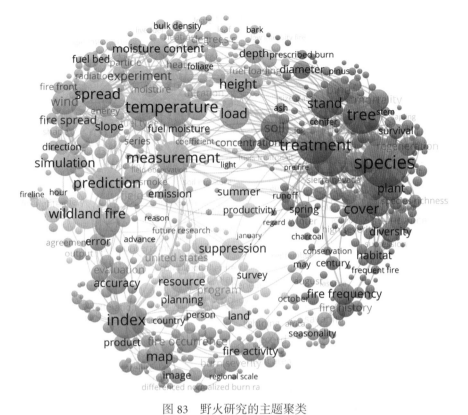

图83 野火研究的主题聚类

Fig.83 Terms cluster of wildfire research

表48 野火研究各聚类中高频主题词

Table 48 High frequency terms in each cluster of wildfire research

聚类命名	主题词（词频）
聚类#1 野火与生态研究	Species（273），Tree（187），Treatment（183），Plot（163），Cover（143），Stand（135），Soil（126），Pine（99），Shrub（99），Plant（98），Composition（97），Recovery（91），Fire Frequency（85），Mortality（84），Diversity（79），Abundance（76），Habitat（76），Regeneration（71），Diameter（66），Fire History（65），Concentration（61），Spring（61），Survival（52），Ponderosa Pine（51），Post Fire（50），Winter（50）
聚类#2 野火行为、燃料等研究（包含影响火灾因素）	Temperature（201），Fire Behaviour（163），Measurement（159），Prediction（155），Spread（155），Load（134），Height（117），Wind（109），Simulation（104），Experiment（99），Field（89），Moisture Content（89），Slope（89），Behaviour（85），Combustion（84），Surface（83），Fire Spread（82），Depth（75），Test（66），Emission（65），Equation（59），Duration（56），Fuel Moisture（56），Degrees C（54），Fuel Bed（53），Wind Speed（53），Fuel Moisture Content（52），Fuel Type（51），Surface Fire（51），Consumption（50），Direction（50），Flow（50）
聚类#3 野火的探测技术	Index（181），Map（121），Observation（105），Fire Occurrence（86），Accuracy（85），Fire Activity（73），Record（68），Evaluation（64），Error（63），Performance（63），Burn Severity（61），Product（60），Image（52），Savanna（52），Boreal Forest（49），Remote Sensing（49），Imagery（47），Mapping（47），Estimation（46），Satellite（45），Classification（44），Validation（43），Fire Danger（42），Country（41），Detection（40），Lightning（40），Seasonality（40），Spatial Pattern（40），Input（39），Output（39），Satellite Imagery（37），Algorithm（36），August（36），Burnt Area（36），Dry Season（36），June（36），Modis（36），Province（35）

续表

聚类命名	主题词（词频）
聚类#4 野火管理与救援	Wildland Fire（133），Suppression（94），Resource（92），Land（77），Program（77），Summer（73），United States（71），Cost（68），Decision（67），Planning（67），Policy（66），Way（58），Survey（53），Framework（52），Productivity（51），Uncertainty（51），Agency（50），Benefit（50），Challenge（50），Action（49），Fire Manager（47），Firefighter（46），Plan（44），Efficiency（41），Interest（41），Complexity（40），Project（38），Person（37），Safety（36），Perception（33），Wildland Urban Interface（33），Implementation（32），Improvement（32），Support（32），Technology（32），Perspective（31），Threat（30）

在野火研究主题分布中，聚类#1 野火与生态研究和聚类#4 野火管理与救援研究聚类主题的平均时间分布更加接近当前，反映此两大类主题是当前国际野火研究的关注热点领域。在聚类#2中野火行为的平均时间高于其他主题词，是该类中近期的重点研究主题。在主题引证的分布上，野火的高影响研究主题分布在聚类#3 野火的探测技术和聚类#4 野火管理与救援。在主题群中，聚类#4 野火管理与救援的研究不仅是近期的关注热点，而且相关主题也具有高的影响力。相比而言，虽然新兴主题群#1 野火与生态研究是近期的热点，但主题的平均影响力在整个主题群中较低（图84）。

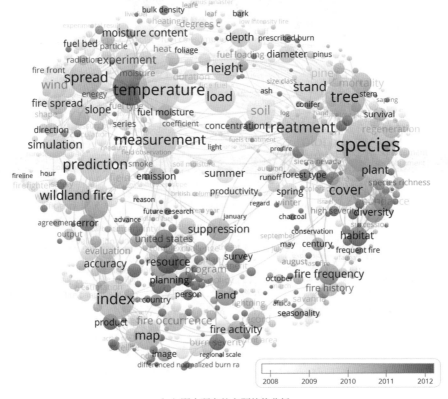

（a）野火研究的主题趋势分析

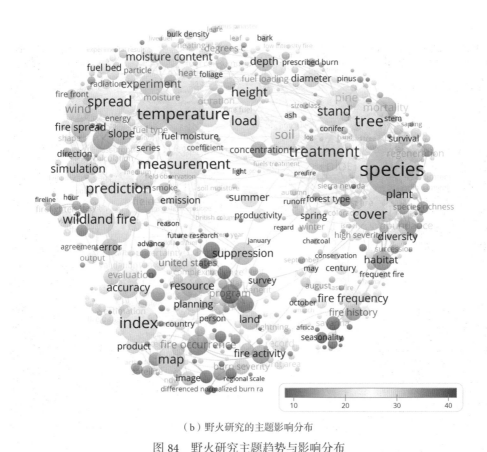

（b）野火研究的主题影响分布

图84　野火研究主题趋势与影响分布

Fig.84　Average publication year and average citations of each term in wildfire research

5.4　野火核心文献学术地图

　　进一步使用CiteSpace文献的共被引概念模型，对野火研究的文献共被引网络反映的知识基础、施引文献对应的研究前沿及其前沿术语进行了识别，旨在为我国研究野火的学者提供野火论文层面的相关信息参考。对野火研究的文献共被引分析结果如图85。图中节点的大小表示野火研究中所引用文献的被引频次，文献与文献之间的连线表示文献之间的共被引关系，连线的颜色表示了文献共被引关系首次建立的时间。文献共被引关系的时间变化，反映了野火研究的演进趋势。在图中，共被引关系建立的时间越早，则共被引连线越接近蓝色。越接近现在，则共被引关系越接近黄色。图中显示了被引频次排名前十的参考文献在网络中的位置，如表49。

图 85   野火研究的文献共被引网络与高被引论文分布

Fig.85   References co-citation network of wildfire research

文献的抽样参数为 Timespan=1999–2018（slice length=1），N=972, E=11916（density=0.0253），Selection Criteria=top 50 per slice, LRF=−1, LBY=8, E=2，Largest CC= 940（96%），Modularity=0.6117, Mean Silhouette=0.7031

在野火研究中，排名第一的是2006年Westerling AL在*Science*上发表的关于变暖和早春增加了美国西部林火的研究。这篇发表于国际顶级期刊*Science*的野火研究，为后续野火研究树立了一面旗帜。同时也因为期刊本身的影响力，该论文被后续野火相关研究广泛引用。该论文仅在两大刊物中论文引用的次数就达到了107次，在野火领域的影响可见一斑。其他论文的主题参见表49。

表49　野火共被引网络中排名前十的高被引论文
Table 49　Top 10 high cited references in wildfire research

被引频次	作者	年份	期刊	标题术语	表注
107	Westerling AL	2006	*Science*	Warming and Earlier, Forest Wildfire Activity	a
57	Keeley JE	2009	*Int J Wildland Fire*	Fire intensity, fire severity, burn severit	b
55	Littell JS	2009	*Ecol Appl*	Climate, wildfire area burned	c
48	Lentile LB	2006	*Int J Wildland Fire*	Remote sensing, fire characteristics, post-fire effects	d
42	Flannigan MD	2009	*Int J Wildland Fire*	Climate, wildland fire	e
41	Miller JD	2007	*Remote Sens Environ*	Burn severity, heterogeneous landscape, delta Normalized Burn Ratio (dNBR)	f
36	Flannigan MD	2005	*Climatic Change*	Future Area Burned in Canada	g
36	Miller JD	2009	*Ecosystems*	Forest Fire Severity, Sierra Nevada, Southern Cascade Mountains, California and Nevada	h
35	Agee JK	2005	*Forest Ecol Manag*	Forest fuel reduction treatments	i
32	van Wagtendonk J	2004	*Remote Sens Environ*	AVIRIS, Landsat ETM+, detection, burn severity	j

a. WESTERLING A L, HIDALGO H G, CAYAN D R, et al. Warming and Earlier Spring Increase Western U.S. Forest Wildfire Activity [J]. Science, 2006, 313(5789): 940

b. KEELEY J E. Fire intensity, fire severity and burn severity: a brief review and suggested usage [J]. Int J Wildland Fire, 2009, 18(1): 116-26

c. LITTELL J S, MCKENZIE D, PETERSON D L, et al. Climate and wildfire area burned in western U.S. ecoprovinces, 1916–2003 [J]. Ecological Applications, 2009, 19(4): 1003-21

d. LENTILE L B, HOLDEN Z A, SMITH A M S, et al. Remote sensing techniques to assess active fire characteristics and post-fire effects [J]. Int J Wildland Fire, 2006, 15(3): 319-45

e. FLANNIGAN M D, KRAWCHUK M A, DE GROOT W J, et al. Implications of changing climate for global wildland fire [J]. Int J Wildland Fire, 2009, 18(5): 483-507

f. MILLER J D, THODE A E. Quantifying burn severity in a heterogeneous landscape with a relative version of the delta Normalized Burn Ratio (dNBR) [J]. Remote Sensing of Environment, 2007, 109(1): 66-80

g. FLANNIGAN M D, LOGAN K A, AMIRO B D, et al. Future Area Burned in Canada [J]. Clim Change, 2005, 72(1): 1-16

h. MILLER J D, SAFFORD H D, CRIMMINS M, et al. Quantitative Evidence for Increasing Forest Fire Severity in the Sierra Nevada and Southern Cascade Mountains, California and Nevada, USA [J]. Ecosystems, 2009, 12(1): 16-32

i. AGEE J K, SKINNER C N. Basic principles of forest fuel reduction treatments [J]. Forest Ecology and Management, 2005, 211(1): 83-96

j. VAN WAGTENDONK J W, ROOT R R, KEY C H. Comparison of AVIRIS and Landsat ETM+ detection capabilities for burn severity [J]. Remote Sensing of Environment, 2004, 92(3): 397-408

对野火研究的文献共被引网络进行聚类,结果如图86和表50。在所有聚类中,按照聚类中所包含文献的数量，对聚类进行编号。 编号越小，则聚类中文献越多。在野火研究中，聚类#0 可燃物年龄（fuel age）为最大聚类，包含的前沿文献和知识基础文献参见表51和表52。引文的突发性探测结果显示，该聚类出现了大量具有突发性特征的文献，反映了该类是野火研究重要和活跃聚类。相比而言，聚类#1 中包含了76篇文献，仅仅比聚类#0 少3篇文献，但是其中包含的文献平均时间更长，即更接近当前的研究。聚类#1 的命名为计划烧除燃烧大气实验动力学研究（RXCADRE，全称Prescribed Fire Combustion-Atmospheric Dynamics Research Experiments）和新范式（new paradigm），该类中包含的主要研究前沿文献和知识基础文献参见表53与表54。

图 86 野火文献共被引网络的聚类

Fig.86 References co-citation clusters of wildfire research

表50 野火研究的文献共被引聚类
Table 50 Cluster labels of co-citation network

编号	聚类规模	剪影值	平均时间	LSI聚类标签	LLR聚类标签
0	79	0.529	2007	effects; prescribed fire; masticated fuelbeds	fuel age; wildfire ignition; crown fire
1	76	0.702	2012	rxcadre; measuring radiant emissions; satellite sensors	new paradigm; large wildfire; surface fuel consumption
2	64	0.702	2005	severity; transferability; dnbr-derived model	first-order fire effect; numerical study; tree injury
3	37	0.716	2001	fire severity; monsoonal northern australia; seasonality	crown fuel; spreading surface fire; fire severity
4	38	0.924	1999	northern australia; contributions; biodiversity conservation	northern australia; tropical savanna; aboriginal occupancy
5	32	0.865	2009	ponderosa; historical fire regime; forest	Hydrologic vulnerability; erosion responses; rangeland-xeric forest continuum

表51 聚类#0 fuel age对应的核心施引文献
Table 51 High coverage citing articles in cluster #0 fuel age

Coverage	GCS	LCS	文献
17	39	1	Price, Owen F (2011) Quantifying the influence of fuel age and weather on the annual extent of unplanned fires in the sydney region of australia. INTERNATIONAL JOURNAL OF WILDLAND FIRE, V20, P10 DOI 10.1071/WF10016
13	104	1	Penman, T D (2011) Prescribed burning: how can it work to conserve the things we value? INTERNATIONAL JOURNAL OF WILDLAND FIRE, V20, P13 DOI 10.1071/WF09131
11	46	1	Syphard, Alexandra D (2011) Simulating landscape-scale effects of fuels treatments in the sierra nevada, california, usa. INTERNATIONAL JOURNAL OF WILDLAND FIRE, V20, P20 DOI 10.1071/WF09125
11	30	1	Parks, Sean A (2011) Multi-scale evaluation of the environmental controls on burn probability in a southern sierra nevada landscape. INTERNATIONAL JOURNAL OF WILDLAND FIRE, V20, P14 DOI 10.1071/WF10051

注：Coverage表示该施引文献所引用对应文献共被引聚类中论文的数量，数值越大，表明该论文与对应的聚类越密切。GCS表示全局被引次数，通常指该论文在Web of Science中的引用次数。LCS表示本地被引次数，表示该论文在下载的数据中，被其他论文引用的总次数

表52 聚类#0 fuel age中的高被引论文
Table 52 High cited references in cluster #0 fuel age

被引次数	突显强度	作者	年份	出版物	卷	页码
107	17.56	Westerling AL	2006	*SCIENCE*	313	940
36	9.83	Flannigan MD	2005	*CLIMATIC CHANGE*	72	1
35	8.38	Agee JK	2005	*FOREST ECOL MANAG*	211	83
29		Eidenshink J	2007	*FIRE ECOL*	3	3
28		Scott JH	2005	*RMRSGTR153 USDA FOR*	0	0
26	7.76	Syphard AD	2007	*ECOL APPL*	17	1388
25	3.79	Martinez J	2009	*J ENVIRON MANAGE*	90	1241
22	6.56	Syphard AD	2008	*INT J WILDLAND FIRE*	17	602
18	5.88	Bond WJ	2005	*NEW PHYTOL*	165	525
17	3.77	Rollins MG	2009	*INT J WILDLAND FIRE*	18	235
17		Radeloff VC	2005	*ECOL APPL*	15	799
17	3.15	Finney MA	2011	*STOCH ENV RES RISK A*	25	973

表53　聚类#1 new paradigm对应的核心施引文献

Table 53　High coverage citing articles in cluster #1 new paradigm

Coverage	GCS	LCS	文献
15	11	1	Thompson, Matthew P (2017) A review of challenges to determining and demonstrating efficiency of large fire management. INTERNATIONAL JOURNAL OF WILDLAND FIRE, V26, P12 DOI 10.1071/WF16137
13	8	1	Dunn, Christopher J (2017) Towards enhanced risk management: planning, decision making and monitoring of us wildfire response. INTERNATIONAL JOURNAL OF WILDLAND FIRE DOI 10.1071/WF17089
12	6	1	Katuwal, Hari (2017) Characterising resource use and potential inefficiencies during large-fire suppression in the western us. INTERNATIONAL JOURNAL OF WILDLAND FIRE, V26, P11 DOI 10.1071/WF17054

表54　聚类#1 new paradigm中的高被引参考文献

Table 54　High cited references in cluster #1 new paradigm

被引频次	突显强度	作者	年份	期刊	卷	页码
57		Keeley JE	2009	*INT J WILDLAND FIRE*	18	116
36		Miller JD	2009	*ECOSYSTEMS*	12	16
31		Bowman D	2009	*SCIENCE*	324	481
25	5.91	Sullivan AL	2009	*INT J WILDLAND FIRE*	18	349
22		Ryan KC	2013	*FRONT ECOL ENVIRON*	11	0
21		Krawchuk MA	2009	*PLOS ONE*	4	0
17		Jolly WM	2015	*NAT COMMUN*	6	0
16		Miller JD	2012	*FIRE ECOL*	8	41
16		Cruz MG	2012	*FOREST ECOL MANAG*	284	269
15		Abatzoglou JT	2016	*P NATL ACAD SCI USA*	113	11770
15		Dennison PE	2014	*GEOPHYS RES LETT*	41	2928
15		Finney MA	2013	*INT J WILDLAND FIRE*	22	25
15		Finney MA	2011	*ENVIRON MODEL ASSESS*	16	153

5.5　本章小结

　　1987年5月6日的大兴安岭野火，给我国带来了沉重的人员伤亡和财产损失。近期美国加州林火（2018年）以及巴西热带雨林火灾（2019年）和澳大利亚丛林火灾的影响更是令世界瞩目，野火研究势必成为我国乃至世界火灾科学研究的增长点。本章以国际知名的两大野火期刊*IJWF*和*FE*为数据样本，分析了国际野火研究的产出与合作、被引期刊、研究主题和核心文献，全面展示了国际野火研究的概貌。对本章的相关结果和结论总结如下：

（1）国际野火研究的产出的增长趋势，反映了国际火灾科学共同体对野火研究关注度的不断提高。在国际野火的产出与合作中，美国"一家独大"，是世界野火研究的重要产出国。在国家合作中，美国与加拿大和澳大利亚形成了国际野火研究的"铁三角"。相比之下，我国的野火研究相对薄弱，在国际产出和合作的影响力偏低。国际野火研究的高产机构有US FOREST SERV（美国）、UNIV IDAHO（美国）、US GEOL SURVEY（美国）、CSIRO（澳大利亚）以及UNIV MONTANA（美国）等主要来源于美国、澳大利亚或加拿大等高产国家/地区的机构。在野火研究作者层面上，表现了类似的特征。研究结果也表明，我国缺乏具有全球影响力的野火研究机构和人才，在今后的火灾人才培养中需要进一步加强野火研究人才的培养。

（2）野火研究主要引用的期刊为*Int J Wildland Fire*（6667）、*Forest Ecol Manag*（2997）、*Can J Forest Res*（2619）、*Remote Sens Environ*（1433）、*Ecology*（1364）以及*Ecol Appl*（1297）等。对高被引期刊聚类发现，野火研究引用的期刊主要来源于聚类#1 野火（火灾与森林相关研究）、聚类#2 生态科学研究、聚类#3 野火识别与影响因素（遥感技术、大气、气候变化）以及聚类#4 野火中与土壤环境相关研究。

（3）主题分析得到了野火研究的四个子领域,分别为聚类#1 野火与生态研究,聚类#2 野火行为、燃料等研究，聚类#3 野火的探测技术以及聚类#4 野火管理与救援。在这些主题聚类中，野火与生态和野火管理与救援的研究属于新近野火研究的热点。在野火研究的高被引主题分布上，野火的探测技术和野火管理与救援是高影响力主题群。综合来看，野火管理与救援是目前野火研究的重点领域。

（4）文献的共被引网络提取和构建了在野火研究中高被引的研究成果。其中，排名第一的论文于2006年发表于*Science*期刊上，该论文对后续的野火研究产生了深远的影响。此外，关于气候变化，遥感在野火中的应用以及野火严重度的分析亦在野火研究中具有重要影响。最后，对野火的文献共被引网络进行了聚类，得到了野火研究的若干前沿领域及重点聚类的前沿文献。

第 6 章　火灾安全科学会议学术地图

6.1　IAFSS[*] 学术地图

6.1.1　产出与合作分布

在Web of Science Core Collection数据库中，以会议名称 CONFERENCE: =*International Symposium on Fire Safety Science*检索1900~2019年国际火灾安全科学大会的论文，仅得到2017年*12th International Symposium on Fire Safety Science*的119篇论文。在Scopium中以会议名称*International Symposium on Fire Safety Science*进行检索，得到了2000~2014年652篇国际火灾安全科学大会论文。综合Web of Science和Scopus的数据，得到IAFSS会议2000~2018年的771篇论文的时间分布，如图87。在年度分布上，IAFSS呈现一定的稳定性，会议每年录用的稿件平均为110篇。

---

[*]　IAFSS，International Association for Fire Safety Science，特指 IAFSS Symposium 国际火灾安全科学学会会议，即国际火灾安全科学大会。在 Fire Safety Science Digital Archive 中可以获取 1~11 届国际火灾安全科学大会论文 http://www.iafss.org/publications/fss/info/。

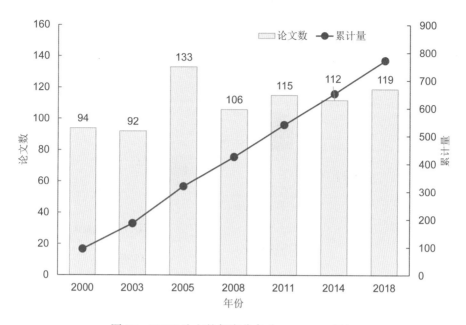

图 87　IAFSS 论文的年度分布（2000~2018 年）

Fig.87　Publication trends of IAFSS papers from 2000–2018

由于Scopus的数据格式和Web of Science存在差异，在进行数据分析之前，首先进行数据的标准化处理。在本研究中，将下载的Scopus的RIS格式转换为Web of Science纯文本格式，并将数据合并在一起进行分析。

在IAFSS合作维度的分析上，本部分选择国家/地区的合作进行分析，得到的合作网络如图88，图中的节点大小反映了国家/地区的论文产出的多少，连线代表了国家/地区之间的合作关系。从图中不难得出，在IAFSS论文中美国、英国、日本、法国和澳大利亚表现突出，在IAFSS会议论文数量上具有很高的显示度。从发文的平均时间来看，这些国家/地区在国际火灾安全科学会议上发文时间平均较早，集中在2007~2008年。我国以发文67篇与澳大利亚并列。但从发文的平均时间来看，我国发表论文的平均时间比较新，属于新兴力量。瑞典发文44篇，篇均发文时间为2010.43年，反映其近年来在IAFSS表现活跃。从论文的总被引角度上，由于论文被引频次的累积效应，美国、英国以及日本等论文产量高的国家/地区，论文的总被引频次也排在前列。从篇均被引上发现，芬兰的篇均被引达到了10次以上，这显示了芬兰所发表的IAFSS论文具有最高的篇均影响力。此外，意大利、瑞士和美国的论文被引频次也处于较高水平。在IAFSS的论文合作上，美国与英国、法国、澳大利亚以及日本形成了国际IAFSS研究的主要合作关系。在网络中，我国虽然与11个国家/地区有合作，但与这些国家/地区的合作强度都偏低（图89和表55）。

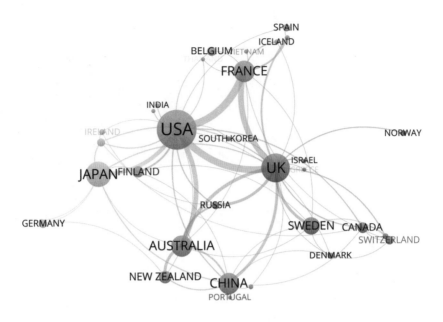

图 88　IAFSS 论文的国家 / 地区合作

Fig.88　Countries/regions collaboration network in IAFSS

由于数据限制，在这部分的 IAFSS 分析中，分析国家 / 地区的合作网络

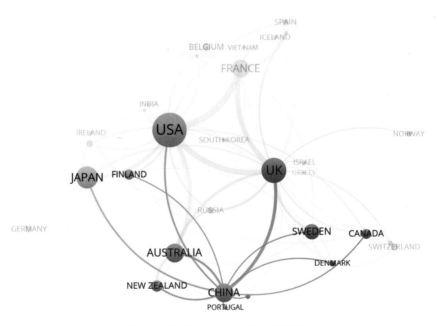

图 89　我国在 IAFSS 中的合作伙伴

Fig.89　Chinese collaboration partners in IAFSS

表55　IAFSS论文的国家/地区产出

Table 55　Publication outputs of countries/regions in IAFSS

编号	国家/地区（英文）	国家/地区（中文）	合作数	论文数	总被引频次	平均年份	篇均被引
1	USA	美国	18	234	1454	2008.87	6.21
2	UK	英国	18	123	694	2009.61	5.64
3	JAPAN	日本	8	95	463	2007.60	4.87
4	FRANCE	法国	10	69	265	2008.57	3.84
5	AUSTRALIA	澳大利亚	8	67	322	2008.31	4.81
6	CHINA	中国	11	67	207	2010.19	3.09
7	SWEDEN	瑞典	7	44	221	2010.43	5.02
8	NEW ZEALAND	新西兰	4	24	126	2009.46	5.25
9	FINLAND	芬兰	4	19	203	2009.05	10.68
10	CANADA	加拿大	6	17	84	2006.94	4.94
11	BELGIUM	比利时	2	13	64	2011.15	4.92
12	GERMANY	德国	3	11	42	2008.73	3.82
13	SWITZERLAND	瑞士	4	11	90	2008.18	8.18
14	TAIWAN, CHINA	中国台湾	5	10	55	2007.20	5.50

注：将我国台湾地区数据单列，未统计在中国数据中

6.1.2　期刊维度的知识基础

在IAFSS会议上发表的论文引用了大量以往的火灾科学研究成果，这些成果发表的载体代表了IAFSS会议论文的主要知识基础来源。对IAFSS会议论文进行期刊的共被引密度图进行分析，结果如图90。结果显示，IAFSS会议上发表的论文主要引用的知识基础论文来源于*Fire Safety J*（被引频次280）、*Combust Flame*（168）、*P Combust Inst*（157）、*Fire Technol*（140）、*Fire Safety Sci*（97）、*Fire Mater*（73）、*Combust Sci Technol*（65）、*Int J Wildland Fire*（65）、*Thesis*（64）以及*SFPE HDB Fire Protec*（51）。以高被引的出版物为核心形成了若干知识基础群落：包含以四大期刊*Fire Safety J*、*Fire Safety Sci*、*Fire Technol*和*Fire Mater*为代表的火灾科学研究的核心知识群落，以*P Combust Inst*、*Combust Flame*以及*Combust Sci Techno*为核心的燃烧科学研究，以*Int J Wildland Fire*为核心的野火研究。

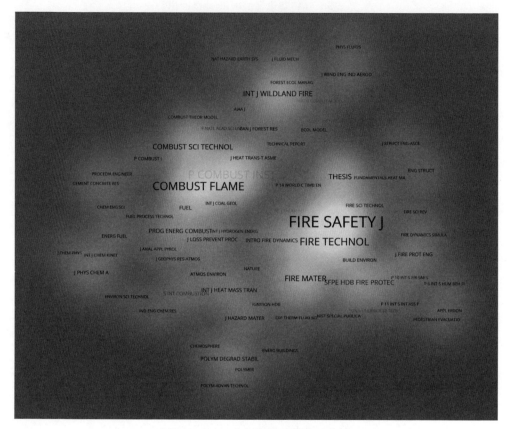

图 90   IAFSS 论文的期刊共被引分析

Fig.90   Journals co-citation density map of IAFSS papers

6.1.3   研究主题的分布

从IAFSS论文的标题、摘要中提取了出现频次不小于5次的483个主题词进行聚类分析，如图91。各类中的高频主题词如表56。分析结果得到了IAFSS关注的四大重点领域主题，分别为聚类#1 建筑火灾与人员疏散、聚类#2 火灾控制与灭火、聚类#3 热解与着火以及聚类#4 结构抗火。

主题的平均时间分布如图92。虽然在各个聚类中都有近期活跃的研究主题，但聚类#3 热解与着火中近期的研究主题要更加密集，这代表近期火灾科学共同体对热解与着火研究的关注。除此之外灭火技术和结构抗火也相对较为活跃。建筑火灾与人员疏散的研究聚类规模最大，但主题活跃度较低，说明建筑火灾在整个会议主题中具有较长的研究历史。

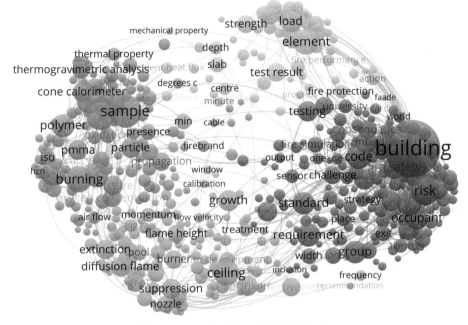

图91 IAFSS会议论文主题的聚类分布

Fig.91 Terms cluster of IAFSS papers

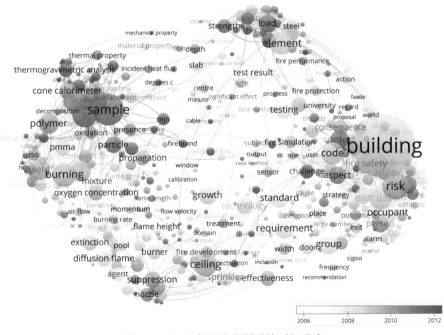

图92 IAFSS会议的主题平均时间分布

Fig.92 Terms average appeared year in IAFSS

表56 IAFSS论文主题的聚类

Table 56 High frequency terms in each cluster of IAFSS papers

聚类命名	主题词（词频）	聚类规模
聚类#1 建筑火灾与人员疏散	Building（111）, Risk（42）, Evacuation（36）, Code（34）, Occupant（31）, Requirement（31）, Fire Safety（30）, Group（30）, Standard（29）, Context（28）, Probability（27）, Safety（27）, Aspect（26）, Person（26）, Testing（26）, Consideration（25）, Technology（25）, Consequence（23）, Knowledge（22）, Measure（22）, Challenge（21）	156
聚类#2 火灾控制与灭火	Ceiling（36）, Growth（27）, Sprinkler（26）, Diffusion Flame（25）, Suppression（25）, Extinction（24）, Effectiveness（23）, Burner（22）, Agent（21）, Flame Height（21）, Nozzle（20）, Fire Suppression（19）, Present Study（19）, Pool（18）, Fire Development（17）, Water Mist（17）, Evaporation（16）, Large Eddy Simulation（16）, Fire Plume（15）, Gas Phase（15）, Liquid（15）, Momentum（15）	131
聚类#3 热解与着火	Sample（51）, Pyrolysis（40）, Reaction（38）, Burning（37）, Mass Loss Rate（34）, Species（32）, Yield（32）, Polymer（31）, Cone Calorimeter（25）, Particle（25）, Mixture（24）, PMMA（24）, Oxygen Concentration（23）, Propagation（22）, Thermogravimetric Analysis（21）, Composition（20）, Atmosphere（19）, Decrease（19）, Mass Loss（19）, ISO（18）, Oxidation（18）, Equivalence Ratio（17）, Surface Temperature（17）, Carbon Monoxide（16）, Char（16）, Heat Loss（16）, Experimental Measurement（15）	126
聚类#4 结构抗火	Element（35）, Load（27）, Test Result（23）, Failure（22）, Strength（21）, Capacity（19）, Member（19）, Specimen（18）, Steel（18）, Elevated Temperature（17）, Slab（17）, Fire Resistance（16）, Beam（15）, Calculation Method（15）, Column（15）, Fire Protection（15）, Light（15）, Section（15）	70

6.1.4 知识基础与研究前沿

对2017年第12届国际火灾安全科学大会的119篇论文进行文献的共被引分析，构建第12届国际会议的知识基础网络。采用CiteSpace知识基础与研究前沿的概念模型进行知识基础与研究前沿的分析，3357篇参考文献进行文献共被引分析的结果如图93。共被引网络中高被引文献组成了2017年IAFSS会议论文的知识基础，引用这些高被引文献的施引文献则组成了当年会议上所发表的前沿文献。

被本次会议引用不小于5次的论著如表57。这些论著中Drysdale DD的《火灾动力学导论》被引用了14次，反映了其在火灾科学研究中的重要影响。该著作已经成为火灾科学研究的基础知识源，在火灾科学研究中发挥了重要作用。其他高被引论文的主题包含了固体热解模型、木材热解以及野火研究。

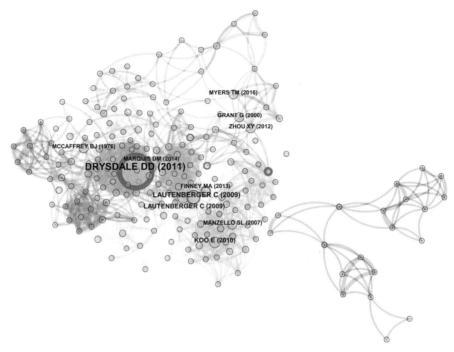

图 93　IAFSS 2017 会议论文参考文献的共被引网络

Fig.93　References co-citation network of IAFSS in 2017

表57　2017年IAFSS会议论文引用的高被引文献

Table 57　High cited references of IAFSS in 2017

被引频次	高被引文献	表注编号	研究主题
14	Drysdale DD, 2011, Intro Fire Dynamics	a	火灾动力学
6	Lautenberger C, 2009, Fire Safety J	b	固体热解模型
5	Lautenberger C, 2009, Combust Flame	c	木材热解
5	Koo E, 2010, Int J Wildland Fire	d	野火研究

a. D. Drysdale, An Introduction to Fire Dynamics, third ed., Wiley, UK, 2011

b. LAUTENBERGER C, FERNANDEZ-PELLO C. Generalized pyrolysis model for combustible solids [J]. Fire Safety Journal, 2009, 44(6): 819-839

c. LAUTENBERGER C, FERNANDEZ-PELLO C. A model for the oxidative pyrolysis of wood [J]. Combustion and Flame, 2009, 156(8): 1503-1513

d. KOO E, PAGNI P J, WEISE D R, et al. Firebrands and spotting ignition in large-scale fires [J]. Int J Wildland Fire, 2010, 19(7): 818-843

　　在文献共被引网络的基础上，对文献共被引网络进行聚类，得到了7个主要的研究方向，结合LSI和LLR算法及其人工对各聚类施引文献的判读将聚类命名为：聚类# 0野火研究（Wildland Fire Spot Ignition）、聚类#1 腔室火灾

（Compartment Fire）、聚类#2 隧道火灾（Tunnel Fire）、聚类#3 大规模灭火建模（Large-Scale Fire Suppression Modeling）、聚类#4 顺风火灾蔓延（Concurrent Flame Spread）、聚类#5 火灾毒性（Fire Toxicity）以及聚类#6 安全疏散（Safe Evacuation）（图94）。

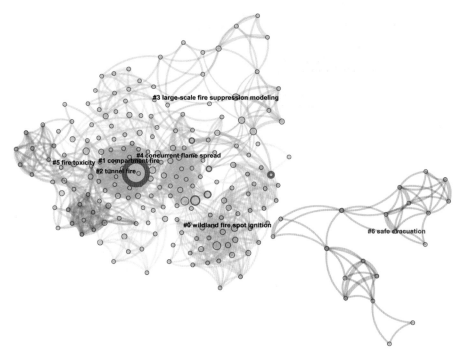

图 94　IAFSS 2017 会议论文参考文献的共被引网络聚类

Fig.94　References co-citation clusters of IAFSS papers in 2017

6.2　PCI 学术地图

6.2.1　产出与合作分布

在科睿唯安 Web of Science 中，以出版物名称检索 *Proceedings of the Combustion Institute*（简称PCI）上发表的论文。检索条件设置为：SO=*Proceedings of the Combustion Institute*) AND DOCUMENT TYPES: (Article OR Review), Indexes=SCI-EXPANDED, SSCI Timespan=1900–2019，共得到4166篇论文。PCI上发表论文的时间

分布如图95。PCI论文的年度产出结果显示，除了在2002年出现明显的低谷外，2000~2015年论文的年度产出呈现了缓慢的增长。2015年之后呈现出了高的增长趋势，在2019年出版的论文数达到了637篇*。

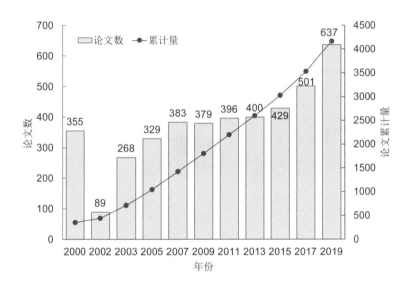

图 95　PCI 上论文的年度分布（2000~2019 年）

Fig.95　Publication trends of PCI papers from 2000 to 2019

提取发文量不小于5篇的国家/地区，进行国家/地区合作网络的构建，如图96。在国家/地区发文分布上，美国发表论文1936篇，远远超过其他国家/地区。除了美国之外，德国、日本和中国**在PCI上发文也比较突出，参见表58。从发文的平均时间上来看，我国平均发文在2015年以后，表明近期在PCI上发文活跃。此外，新加坡和沙特阿拉伯近期也在PCI发文活跃。相比而言，美国、日本、以色列、荷兰、奥地利以及中国台湾等平均发文时间在2008~2009年，是早期在PCI上活跃的国家/地区。德国、澳大利亚、法国、加拿大、英格兰、瑞典以及比利时等则是在2012年前后活跃的国家/地区。

---

* 　会议论文的刊出类似于统计年鉴，可能不在会议当年被正式出版以及纳入索引。

** 　受研究所限，将我国台湾地区数据单列，未统计在中国数据中，特此说明。

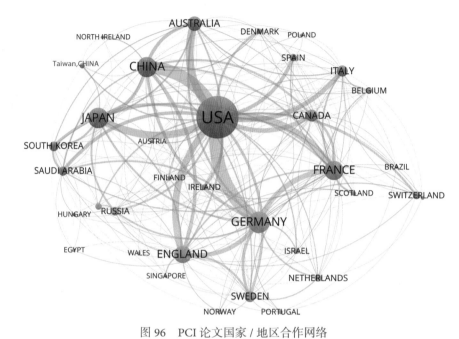

图 96　PCI 论文国家 / 地区合作网络

Fig.96　Countries/regions collaboration network of PCI

表58　PCI论文的国家/地区产出
Table 58　Publications outputs of countries/regions in PCI

国家/地区（英文）	国家/地区（中文）	合作数	论文数	被引频次	平均年份	篇均被引
USA	美国	34	1936	51527	2009.91	26.62
GERMANY	德国	32	503	10954	2010.98	21.78
JAPAN	日本	19	457	7726	2009.83	16.91
CHINA	中国	25	442	6027	2015.45	13.64
FRANCE	法国	23	393	9757	2011.46	24.83
ENGLAND	英格兰	27	318	7643	2010.97	24.03
AUSTRALIA	澳大利亚	24	222	4384	2011.87	19.75
CANADA	加拿大	19	161	3562	2011.04	22.12
ITALY	意大利	23	137	3250	2010.93	23.72
SWEDEN	瑞典	23	131	2969	2011.11	22.66
SOUTH KOREA	韩国	12	103	2058	2010.88	19.98
SAUDI ARABIA	沙特阿拉伯	14	95	894	2016.76	9.41
RUSSIA	俄罗斯	18	79	1322	2010.08	16.73
SWITZERLAND	瑞士	12	68	1153	2012.19	16.96
NETHERLANDS	荷兰	14	57	1361	2008.91	23.88
SPAIN	西班牙	16	56	831	2011.25	14.84
INDIA	印度	11	52	761	2012.67	14.63
BELGIUM	比利时	14	37	610	2012.51	16.49

续表

国家/地区（英文）	国家/地区（中文）	合作数	论文数	被引频次	平均年份	篇均被引
IRELAND	爱尔兰	13	36	1789	2013.00	49.69
ISRAEL	以色列	10	36	470	2008.94	13.06
DENMARK	丹麦	13	33	723	2010.12	21.91
Taiwan , CHINA	中国台湾	10	33	576	2008.76	17.45
SCOTLAND	苏格兰	9	26	561	2011.27	21.58
PORTUGAL	葡萄牙	7	20	340	2011.60	17.00
GREECE	希腊	6	16	272	2010.00	17.00
NORWAY	挪威	8	16	246	2015.13	15.38
FINLAND	芬兰	13	15	236	2013.00	15.73
BRAZIL	巴西	8	14	55	2016.00	3.93
HUNGARY	匈牙利	6	9	173	2013.44	19.22
AUSTRIA	奥地利	10	8	126	2008.88	15.75
NORTH IRELAND	北爱尔兰	4	8	139	2012.50	17.38
POLAND	波兰	5	8	237	2011.63	29.63
SINGAPORE	新加坡	3	7	50	2017.57	7.14
EGYPT	埃及	7	6	174	2008.50	29.00
WALES	威尔士	4	6	100	2007.50	16.67

注：将我国台湾地区数据单列，未统计在中国数据中

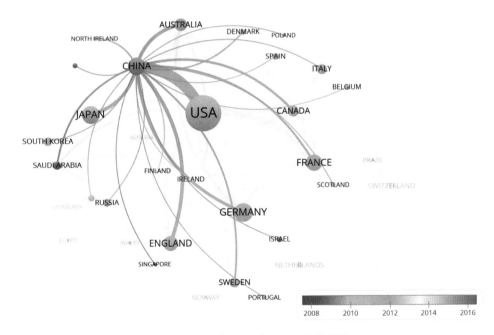

图 97　我国在 PCI 论文上的合作伙伴

Fig.97　Chinese collaboration partners in PCI

在这些国家/地区的合作广度上，美国居于首位。美国与网络中的34个国家/地区建立了合作关系。这种论文的广泛合作，确立了美国在该方面的权威性和国际影响力。我国虽然在PCI上属于新兴国家，但在当前的合作网络中已经与25个国家/地区建立了合作关系，特别是与PCI上具有突出优势的国家/地区，如美国、日本、英格兰、澳大利亚和德国等国家/地区建立了较强的合作关系（图97）。

6.2.2　期刊维度的知识基础

PCI期刊的共被引分析如图98。各聚类中的高被引期刊如表59。在PCI中，被引频次超过1000的期刊有*Combust Flame*（19615）、*P Combust Inst*（18167）、*Combust Sci Technol*（4536）、*Prog Energ Combust*（3265）、*J Phys Chem A*（2317）、*Fuel*（2178）、*J Fluid Mech*（1952）、*Energ Fuel*（1871）、*Int J Chem Kinet*（1611）、*J Chem Phys*（1477）、*Combust Theor Model*（1336）、*Phys Fluids*（1313）、*J Phys Chem—US*（1102）以及*J Propul Power*（1049），这些高被引期刊组成了PCI期刊维度的知识基础。进一步对PCI被引期刊进行聚类，得到了四大类，分别为聚类#1 燃烧学研究、聚类#2 能源与燃料、聚类#3 燃烧物理化学机制以及聚类#4 燃烧光学诊断。

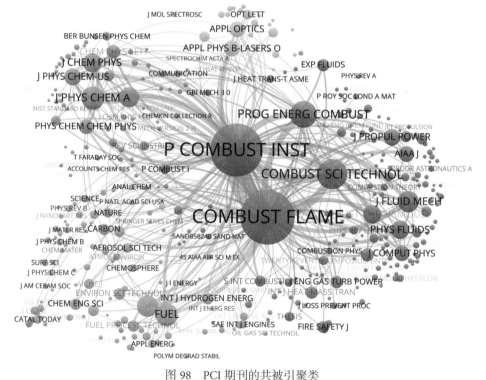

图 98　PCI 期刊的共被引聚类

Fig.98　Journals co-citation clusters of PCI

表59　PCI论文所引用的各聚类高被引期刊

Table 59　High cited journals in each of journals co-citation cluster of PCI

聚类命名	被引期刊（被引频次）
聚类#1 燃烧学研究	*Combust Flame*（19615），*P Combust Inst*（18167），*Combust Sci Technol*（4536），*Prog Energ Combust*（3265），*J Fluid Mech*（1952），*Combust Theor Model*（1336），*Phys Fluids*（1313），*J Propul Power*（1049），*Aiaa J*（876），*J Comput Phys*（861）
聚类#2 能源与燃料	*Fuel*（2178），*Energ Fuel*（1871），*Chem Eng Sci*（418），*Fuel Process Technol*（409），*Int J Hydrogen Energ*（409），*Carbon*（393），*Environ Sci Technol*（392），*Ind Eng Chem Res*（353），*J Aerosol Sci*（324），*Aiche J*（308）
聚类#3 燃烧物理化学机制	*J Phys Chem A*（2317），*Int J Chem Kinet*（1611），*J Chem Phys*（1477），*J Phys Chem—US*（1102），*Phys Chem Chem Phys*（770），*Chem Phys Lett*（626），*J Phys Chem Ref Data*（338），*J Am Chem Soc*（311），*Rev Sci Instrum*（271），*Ber Bunsen Phys Chem*（201）
聚类#4 燃烧光学诊断	*Appl Phys B-Lasers O*（972），*Appl Optics*（918），*J Quant Spectrosc Ra*（319），*Meas Sci Technol*（275），*Opt Lett*（266），*J Phys D Appl Phys*（131），*Opt Express*（123），*Appl Spectrosc*（113），*Soot Formation Combu*（109），*Appl Combustion Diag*（78）

6.3　本章小结

学术会议是科学研究成果及时交流的一种有效渠道，同时也是最新科学研究成果发布的有效途径。通过对学术会议论文的研究能够认识领域内学者会议交流的相关特征，为火灾科学与工程人员提供学术会议层面的信息参考。本部分对国际火灾科学会议IAFSS的产出与合作、期刊维度的知识基础、研究主题以及论文层面的知识基础和研究前沿进行了分析。对与火灾科学研究有重要关联的PCI论文，从产出、合作和期刊维度的知识基础进行了分析。现将本章内容总结如下：

（1）IAFSS论文的年度产出基本稳定，美国、英国以及日本在该会议上的论文产量表现突出。以高产国家英、法、美、澳为核心，形成了IAFSS论文的主要"合作圈子"。我国虽然近年来IAFSS论文的产量突出，但从国际的合作广度和强度上来看还存在明显的不足。

IAFSS会议作为*FSJ*的主要会议来源论文，其引用的论文也主要来源于*Fire Safety J*。除此之外，IAFSS还大量引用了*Combust Flame*、*P Combust Inst*以及*Fire Technol*等火灾、燃烧等领域杂志。以高被引期刊为核心形成了火灾科学研究、燃烧科学研究以及野火研究期刊群。

在主题的维度上，将IAFSS的主题划分为四大类，分别为#1 建筑火灾与人员疏散、#2 火灾控制与灭火、#3 热解与着火以及#4 结构抗火。其中，#3 热解与着火研究是该会议上新兴的热点主题群。虽然，建筑火灾与人员疏散是该会议的最大主题群，但主题整体的平均时间要较其他主题群更早一些。最后，对2017年IAFSS论文的文献共被引进行了分析，得到了近一期IAFSS会议的核心知识基础及

其聚类，对于认识当前的IAFSS的研究有一定的借鉴意义。

（2）PCI论文的年度产出显示，在2002年出现低谷之后，2003~2015年呈现了缓慢的增长趋势。2015~2018年论文的产出呈现了快速增长的趋势。在国家/地区的论文产出上，美国论文产出显著高于其他国家/地区，稳居第一。此外，德国、日本、中国以及法国等也表现突出。在国际合作中，美国具有最为广泛的国际合作数，并与主要的高产国家/地区（英、法、中、日、德、澳等）形成了强的合作关系。我国属于新兴的PCI发文国家，已经与网络中25个国家/地区建立了合作关系。

在期刊维度的知识基础上，PCI大量引用了*Combust Flame*、*P Combust Inst*、*Combust Sci Technol*、*Prog Energ Combust*以及*J Phys Chem A*等期刊论文，并形成了期刊维度的知识群：聚类#1 燃烧学研究、聚类#2 能源与燃料、聚类#3 燃烧物理化学机制以及聚类#4 燃烧光学诊断。

第7章 中国火灾科学学术地图

7.1 《火灾科学》学术地图

7.1.1 产出与合作

　　《火灾科学》*由中国科学技术大学火灾科学国家重点实验室主办，并被中国科学引文索引数据库扩展库（CSCD-E）收录，在国内火灾科学领域具有重要的学术影响力。本部分使用科睿唯安Web of Science平台中的CSCD数据库来采集《火灾科学》论文数据，共采集到了《火灾科学》2000~2018年发表的734篇论文。《火灾科学》论文年度分布如图99。从年度分布来看，《火灾科学》年度发文量处在很低的水平，2000~2018年的年均发文量仅为38篇。

　　在《火灾科学》上发文的作者合作密度图如图100。发文数量大于5篇的作者信息如表60。从作者合作密度图中不难得出，《火灾科学》上发文的作者主要来源于中国科学技术大学火灾科学国家重点实验室。仅有极少数外单位的学者在《火灾科学》上发文较为突出，例如，来自河南理工大学的余明高教授，来自辽宁工程技术大学的吕学涛以及郑丹等。在密度图中，以高产作者姚斌、张和平、廖光煊、蒋勇、孙金华、邱榕、宋卫国、李元洲、汪箭以及吕学涛等形成了若干的合作群落。图中姚斌与网络中73位学者有合作关系，位于首位。其次，张和平以54位合作者位居第二。此外廖光煊（40）、宋卫国（34）以及李元洲（32）在网络中都超过了30位合作者。

---

* http://hzkx.ustc.edu.cn/ch/index.aspx.

* http://hzkx.ustc.edu.cn/ch/index.aspx.

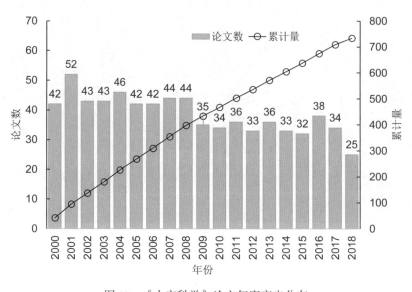

图 99 《火灾科学》论文年度产出分布

Fig.99 Publication trends of *Chinese Fire Safety Science* journal

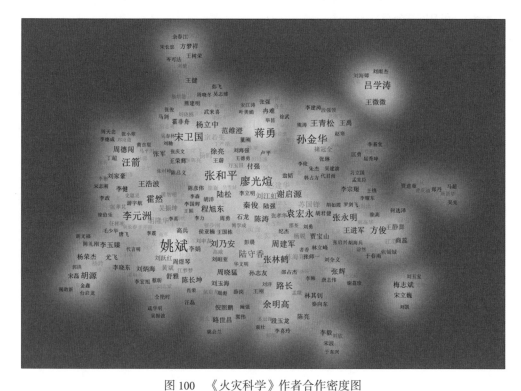

图 100 《火灾科学》作者合作密度图

Fig.100 Authors collaboration density map of Chinese *Fire Safety Science* journal

　　从作者的平均发文年份来看，范维澄、廖光煊、霍然、刘江虹、袁宏永、胡隆华、陈涛、陆守香、苏国锋等平均年份都在2007年之前，属于最早一批在《火灾科学》发文的学者。平均发文时间在2007~2010年的学者主要有宋卫国、张和平、李元洲、刘乃安、周建军、朱霁平、谢启源、路长以及余明高等。平均发文时间在2010~2012年的学者主要有姚斌、孙金华、邱榕、蒋勇、张永明以及胡源等。平均发文在2012~2017年的学者是近期在《火灾科学》发文活跃的学者，包含了张林鹤、吕学涛、张玉琢、王青松、汪箭、陆松、程旭东以及方俊等。

表60　《火灾科学》发文>5篇的作者
Table 60　High productive authors in _Chinese Fire Safety Science_ journal

编号	作者	单位	合作作者	论文数	平均年份
1	姚斌	中国科学技术大学	73	41	2010.10
2	张和平	中国科学技术大学	54	23	2008.43
3	廖光煊	中国科学技术大学	40	20	2005.05
4	蒋勇	中国科学技术大学	29	20	2010.45
5	孙金华	中国科学技术大学	29	19	2010.16
6	邱榕	中国科学技术大学	22	18	2010.89
7	宋卫国	中国科学技术大学	34	17	2007.71
8	李元洲	中国科学技术大学	32	16	2008.75
9	汪箭	中国科学技术大学	24	15	2013.27
10	吕学涛	辽宁工程技术大学	11	14	2016.36
11	袁宏永	清华大学/中国科学技术大学	20	13	2003.69
12	余明高	河南理工大学	22	12	2009.33
13	方俊	中国科学技术大学	20	11	2014.09
14	谢启源	中国科学技术大学	26	11	2007.91
15	路长	河南理工大学/ 中国科学技术大学	20	11	2008.91
16	刘乃安	中国科学技术大学	12	10	2009.00
17	张林鹤	中国科学技术大学	21	10	2012.10
18	张永明	中国科学技术大学	29	10	2011.00
19	陆守香	中国科学技术大学	20	10	2006.70
20	霍然	中国科学技术大学	20	10	2005.50
21	周建军	中国科学技术大学	16	9	2007.67
22	王青松	中国科学技术大学	15	9	2014.11
23	胡源	中国科学技术大学	15	9	2010.00
24	朱霁平	中国科学技术大学	17	8	2007.88
25	杨立中	中国科学技术大学	22	8	2006.63
26	秦俊	中国科学技术大学	11	8	2006.88
27	程旭东	中国科学技术大学	24	8	2014.00
28	赵建华	中国科学技术大学	12	8	2008.88
29	陆松	中国科学技术大学	20	8	2013.25

续表

编号	作者	单位	合作作者数	论文数	平均年份
30	刘江虹	上海海事大学	11	7	2003.71
31	周德闯	中国科学技术大学	9	7	2012.57
32	张瑞芳	中国科学技术大学	17	7	2012.00
33	王浩波	中国科学技术大学	17	7	2006.14
34	王进军	中国科学技术大学	20	7	2012.14
35	胡隆华	中国科学技术大学	18	6	2006.67
36	苏国锋	中国科学技术大学	8	6	2003.00
37	范维澄	清华大学	15	6	2003.33

7.1.2 主题学术地图

《火灾科学》关键词的密度如图101，高频关键词如表61。在密度图中，《火灾科学》以高频关键词"数值模拟"为核心，形成了"火灾实验"、"细水雾灭火"、"材料与阻燃"、"林火"、"人员疏散"以及"结构抗火"等研究主题群。

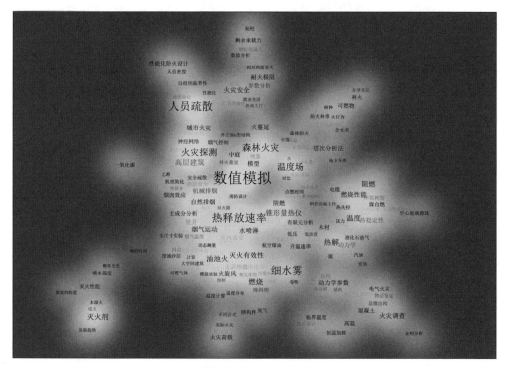

图 101 《火灾科学》的主题密度分布

Fig.101 Keywords density map of *Chinese Fire Safety Science* journal

表61　《火灾科学》高频关键词（词频>5）
Table 61　High frequency keywords in *Chinese Fire Safety Science* journal

编号	关键词	出现频次	平均年份	编号	关键词	出现频次	平均年份
1	数值模拟	39	2009.95	22	火灾调查	8	2010.38
2	人员疏散	24	2008.00	23	烟气运动	8	2007.00
3	热释放速率	23	2008.09	24	燃烧性能	8	2010.63
4	细水雾	22	2008.91	25	火蔓延	7	2007.43
5	森林火灾	17	2004.88	26	热稳定性	7	2010.29
6	温度场	16	2012.81	27	耐火极限	7	2015.71
7	火灾探测	16	2005.56	28	自然排烟	7	2014.57
8	燃烧特性	13	2008.69	29	轰燃	7	2002.43
9	热解	12	2007.08	30	阴燃	7	2006.43
10	油池火	11	2009.82	31	隧道火灾	7	2012.14
11	灭火剂	11	2004.55	32	动力学	6	2006.17
12	温度	10	2006.90	33	动力学参数	6	2009.33
13	燃烧	10	2005.40	34	城市火灾	6	2005.33
14	锥形量热仪	10	2009.00	35	室内火灾	6	2003.83
15	高层建筑	10	2012.30	36	层次分析法	6	2013.67
16	建筑火灾	9	2003.78	37	影响因素	6	2007.50
17	灭火	9	2005.11	38	机械排烟	6	2008.33
18	灭火有效性	9	2007.22	39	模型	6	2001.50
19	阻燃	9	2011.22	40	火旋风	6	2005.17
20	水喷淋	8	2006.00	41	火焰	6	2002.83
21	火灾安全	8	2005.00	42	竖井	6	2012.83

7.2　《消防科学与技术》学术地图

7.2.1　产出与合作

　　《消防科学与技术》杂志是由天津消防科学研究所主办的，主要刊载国内消防科学与技术研究最新进展的学术月刊。为了获取《消防科学与技术》的论文数据，从中国知网中以期刊名称"消防科学与技术"进行精确匹配检索，共得到2000~2018年发表的7617篇文献（包含各类短评和信息推送）。《消防科学与技术》论文的年度产出分布如图102。在2000~2010年，该刊的文献年产出在400篇以下。2010年以后该刊的年产论文逐年递增，近3年的文献年产已经达到了600篇以上。《消防科学与技术》的论文年度产出远远超过《火灾科学》的载文量，这反映了和《消防科学与技术》相关的研究主题在国内活跃度和研究广泛性更高。

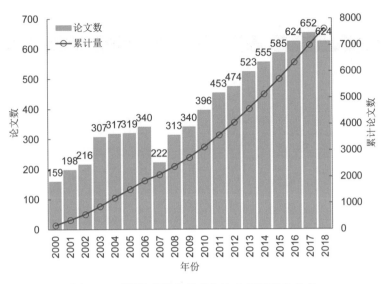

图 102 《消防科学与技术》论文年度产出分布

Fig.102 Publication trends of *Fire Science and Technology* (*FST*)

在以上文献的基础上，筛选了被引频次大于10次的934篇论文进行合作网络构建。从高被引论文中，共提取了1548位作者，图103展示了发文量不小于2篇的251位作者组成的最大子合作网络。在该网络中，来自中国科学技术大学火灾科学国家重点实验室的霍然教授在《消防科学与技术》上发表了16篇被引频次大于10的论文；与其合作的作者有16人。来自中国矿业大学（徐州）的朱国庆教授有

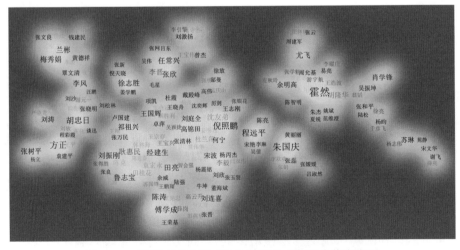

图 103 《消防科学与技术》高被引论文作者合作密度图

Fig.103 Authors collaboration density map of high cited papers in *FST*

12篇论文被引频次在10次以上，与其合作的学者有12人；随后其他高产作者依次是武汉大学方正，公安部天津消防研究所倪照鹏等（参见表62）。从结果不难得出，这些高被引论文的作者主要来源于公安部各处的消防研究所，其中天津消防研究所表现最为突出。

表62 《消防科学与技术》作者所发表高被引论文数量
Table 62 Author' outputs in high cited papers of Chinese *FST*

编号	作者	单位	合作作者数量	论文数	平均年份
1	霍然	中国科学技术大学	16	16	2004.88
2	朱国庆	中国矿业大学（徐州）	12	12	2012.17
3	方正	武汉大学	7	11	2006.00
4	倪照鹏	公安部天津消防研究所	13	10	2004.90
5	程远平	中国矿业大学（徐州）	7	9	2006.44
6	胡忠日	公安部四川消防科学研究所	12	9	2005.22
7	傅学成	公安部天津消防研究所	11	8	2009.50
8	田亮	公安部天津消防研究所	31	8	2007.25
9	任常兴	公安部天津消防研究所	8	7	2013.00
10	兰彬	公安部四川消防科学研究所	9	7	2002.00
11	刘振刚	公安部天津消防研究所	10	7	2009.00
12	包志明	公安部天津消防研究所	11	7	2010.71
13	尤飞	南京工业大学	10	7	2010.00
14	张树平	西安建筑科技大学	3	7	2005.86
15	张欣	公安部天津消防研究所	11	7	2010.57
16	徐志胜	中南大学	5	7	2007.00
17	李元洲	中国科学技术大学	11	7	2003.57
18	李风	公安部四川消防研究所	9	7	2005.57
19	梅秀娟	公安部四川消防研究所	9	7	2004.14
20	沈友弟	上海市消防总队	3	7	2006.29
21	经建生	公安部天津消防研究所	13	7	2003.43
22	耿惠民	公安部天津消防科学研究所	13	7	2004.43
23	鲁志宝	公安部天津消防研究所	11	7	2006.71
24	刘连喜	公安部天津消防研究所	12	6	2010.33
25	李晋	公安部天津消防研究所	10	6	2010.50
26	王国辉	公安部天津消防研究所	10	6	2011.00
27	肖学锋	公安部消防局	4	6	2002.67
28	胡隆华	中国科学技术大学	10	6	2007.50

7.2.2 高被引论文主题学术地图

《消防科学与技术》高被引论文的关键词密度如图104，高频关键词如表63。在关键词密度图上，《消防科学与技术》以高频主题"消防"、"火灾调查"以及"火灾、数值模拟、疏散以及高层建筑"形成了三大主题群。此外，在密度图的周边还形成了如"灭火"、"阻燃"以及"火灾探测"等小类。

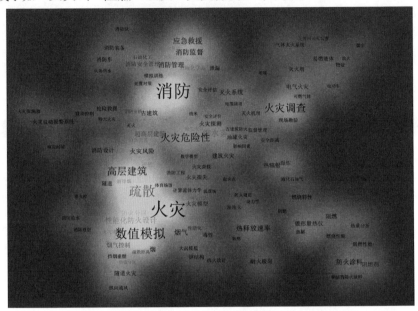

图104 《消防科学与技术》高被引论文的关键词密度图

Fig.104 Keywords density map of high cited papers in *FST*

表63 《消防科学与技术》高被引论文高频关键词（不小于10次）

Table 63 High frequency keywords in high cited papers of *FST*

编号	关键词	出现频次	平均年份	编号	关键词	出现频次	平均年份
1	火灾	80	2007.86	19	消防监督	16	2009.25
2	消防	77	2008.45	20	火灾隐患	16	2007.88
3	疏散	49	2006.88	21	烟气	16	2005.19
4	灭火救援	47	2008.91	22	地铁	15	2009.33
5	数值模拟	46	2009.87	23	热释放速率	15	2006.07
6	安全疏散	35	2009.51	24	消防部队	14	2009.50
7	性能化设计	35	2006.51	25	层次分析法	13	2009.54
8	火灾调查	34	2008.53	26	消防管理	13	2010.23
9	高层建筑	33	2009.33	27	防火分区	13	2006.69
10	建筑防火	32	2005.56	28	防火涂料	13	2002.85
11	消防安全	31	2009.81	29	烟	12	2004.42
12	火灾危险性	31	2007.10	30	公路隧道	10	2008.90
13	FDS	28	2009.86	31	地铁火灾	10	2010.90
14	大空间建筑	25	2006.84	32	火灾风险	10	2007.80
15	人员疏散	23	2009.52	33	灭火系统	10	2004.70
16	细水雾	22	2006.41	34	烟气控制	10	2008.70
17	应急救援	17	2009.35	35	疏散时间	10	2007.30
18	性能化防火设计	17	2007.76	36	超高层建筑	10	2011.70

7.3　中国消防协会科学技术年会学术地图

7.3.1　产出与合作

在中国知网中以"中国消防协会科学技术年会"为会议检索条件，检索得到2010~2018年的1807篇会议论文。该会议论文的年度产出如图105。从整体趋势上来看，在2012年论文产出达到峰值304篇后，论文产出呈现了下降的趋势。年会所发表论文主要受国家科技支撑计划、国家自然科学基金、住建部科技计划项目以及上海科技发展基金等支持（如图106）。

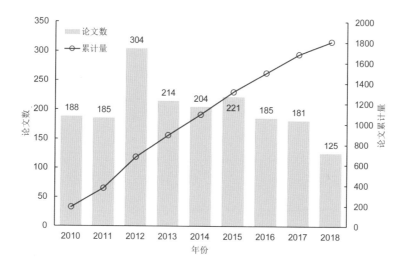

图 105　中国消防协会科学技术年会论文的年度产出分布

Fig.105　Publication trends of China Fire Protection Association conference papers (CFPA)

在机构层面的产出上，公安部上海消防研究所论文产出292篇，远远超过其他机构的发文量；其次是公安部天津消防研究所，以发文量184篇排名第二；中国人民武装警察部队学院（现中国人民警察大学）、公安部沈阳消防研究所以及山东省公安消防总队发文量都在50篇以上，分别位于第三至第五位。从机构论文产出的分布上不难发现，火灾机构论文的产出存在极大的不平衡。该会议的论文主要由少量的高产机构贡献，且机构与机构之间论文产出存在显著差异。

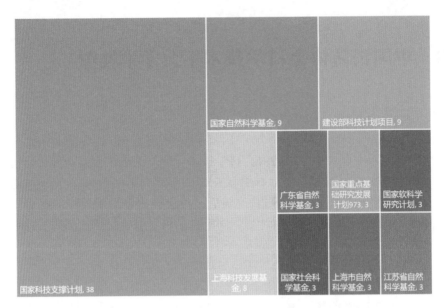

图 106 中国消防协会科学技术年会论文的基金资助情况

Fig.106 Fundings distribution of the CFPA conference papers

中国消防协会科学技术年会论文机构发文产出见表64，合作密度如图107。结果显示，以高产机构公安部上海消防研究所、公安部天津消防研究所、中国人民武装警察部队学院、山东省公安消防总队、中国建筑科学研究院建筑防火研究所以及北京市公安消防总队为核心形成了不同的合作群。综合这些机构不难发现，参加该会议的主要是公安部消防研究所和各地消防总队等单位，来自高校的成员相对较少。

表64 中国消防协会科学技术年会论文机构发文产出

Table 64 Institution' outputs of CFPA papers

编号	机构名称	论文数	平均年份	合作机构数	合作权重
1	公安部上海消防研究所	292	2014.19	19	48
2	公安部天津消防研究所	184	2014.59	16	34
3	中国人民武装警察部队学院	58	2012.66	9	18
4	公安部沈阳消防研究所	54	2012.04	1	8
5	山东省公安消防总队	52	2012.58	7	16
6	公安部四川消防研究所	46	2014.91	3	6
7	中国矿业大学安全工程学院	40	2013.05	7	58
8	中国建筑科学研究院建筑防火研究所	34	2011.94	10	24
9	中国矿业大学消防工程研究所	28	2013.43	2	44
10	山东省青岛市公安消防支队	28	2013.07	0	0
11	江苏省公安消防总队	26	2013.46	3	6

续表

编号	机构名称	论文数	平均年份	合作机构数	合作权重
12	北京市公安消防总队	22	2013.45	5	10
13	重庆市公安消防总队	22	2013.36	3	6
14	中国人民武装警察部队学院消防指挥系	20	2012.90	4	8
15	中国矿业大学煤矿瓦斯与火灾防治教育部重点实验室	20	2014.30	4	40
16	公安部消防局	20	2013.00	5	14
17	青岛市公安消防支队	20	2013.20	0	0

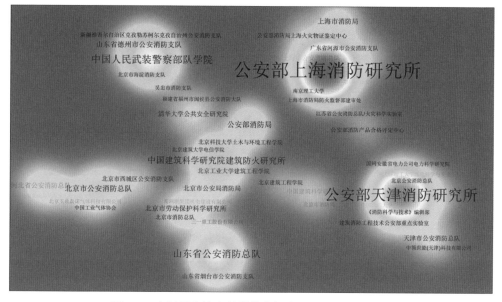

图 107 中国消防协会科学技术年会论文机构合作密度

Fig.107 Institutions collaboration density map of CFPA papers

7.3.2 主题学术地图

"消防"作为该会议的核心，一共出现了2506次，与其他词语形成了极大的差距。为了使可视化更加清晰，在分析中将"消防"一词移除，分析得到的中国消防协会科学技术年会论文主题分布如图108，高频关键词如表65。从高频关键词的分布不难得出，中国消防协会科学技术年会论文形成了管理创新、信息技术、消防职业、火灾救援、火灾调查、防火设计等方面的主题群。

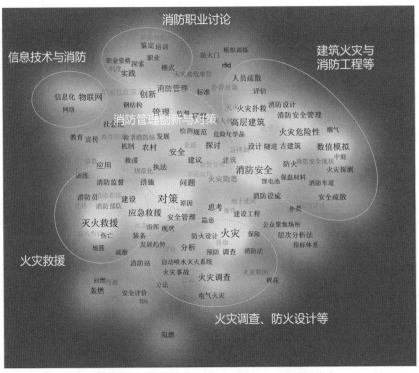

图 108　中国消防协会科学技术年会论文主题分布

Fig.108　Keywords density map of CFPA

表65　中国消防协会科学技术年会论文高频关键词
Table 65　High frequency keywords in CFPA

编号	关键词	词频	平均年份	编号	关键词	词频	平均年份
1	对策	83	2014.18	15	应用	23	2012.61
2	火灾	80	2012.99	16	探讨	21	2013.05
3	灭火救援	58	2013.93	17	消防管理	20	2014.15
4	消防安全	52	2014.35	18	思考	19	2013.00
5	管理	45	2013.89	19	设计	19	2012.63
6	高层建筑	37	2013.24	20	研究	18	2013.33
7	应急救援	32	2012.72	21	火灾扑救	17	2013.41
8	创新	30	2013.47	22	人员疏散	16	2013.19
9	火灾危险性	30	2012.90	23	农村	16	2014.25
10	数值模拟	28	2014.14	24	分析	16	2014.06
11	火灾调查	28	2013.82	25	实践	16	2013.63
12	物联网	28	2014.86	26	消防安全管理	16	2013.50
13	安全	26	2014.46	27	建设	15	2012.27
14	问题	24	2014.75	28	火灾隐患	15	2014.33

7.4 中国科学技术大学火灾科学学位论文学术地图

本部分以我国火灾科学研究中最具有影响力的机构——"中国科学技术大学火灾科学国家重点实验室（下文简称USTC-SKLFS）"硕博论文为分析样本，从中国知网硕博士论文数据库中以"学科专业名称"="安全科学与工程"或"安全技术及工程"，学位论文单位="中国科学技术大学"为检索策略*。检索获取了满足条件的206篇硕士论文和317篇博士论文。从时间分布来看（图109），硕博论文在年度产出上都有小幅度的增长。样本数据中，博士论文年度产出是连续的，硕士论文仅仅采集到了2009~2011年和2014~2018年的数据。这里需要说明的是，本部分的结果是基于中国知网博硕论文样本的分析，未被中国知网收录的不纳入分析范围。

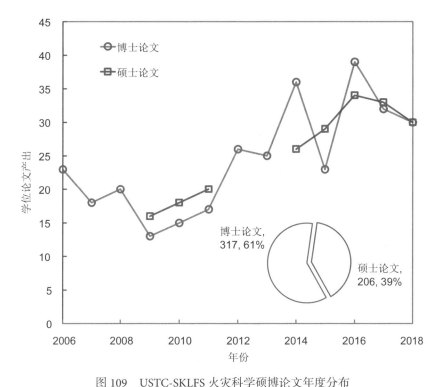

图 109　USTC-SKLFS 火灾科学硕博论文年度分布

Fig.109　Publication trends of PhD and Master theses in USTC-SKLFS

---

*　特别说明：本部分的数据来源于 CNKI 博士论文数据库，由于收录可能不全或导致结果的不完整。本部分的硕博论文统计是基于 CNKI 样本数据，仅作为认识中国科学技术大学硕博学位论文特征的参考。这里主要从安全学科提取数据，此外从防灾减灾工程及防护工程学科中补充了一篇博士论文。

7.4.1　博士生导师 - 博士生关联地图

在师生网络中（图110），节点的大小代表了作者在博士学位论文中出现次数的多少，大于2次的为导师，仅仅出现1次的为学生。其中有部分作者由于毕业后留校，并有指导博士的经历，因此在对这些作者的计数中还包含了他们的博士论文。网络图中的连线表示师生关系，或博士生导师之间有共同指导学生的经历。

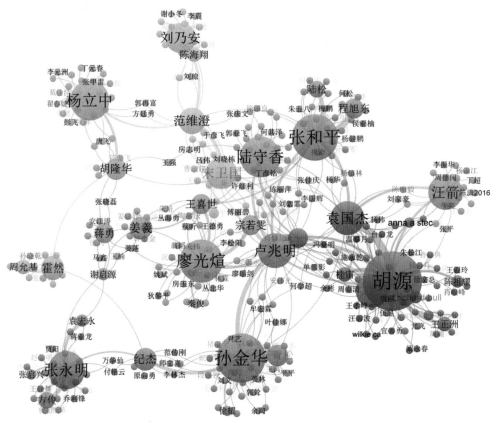

图 110　USTC-SKLFS 博士生导师 - 博士生网络（2006~2018 年）

Fig.110　Tutors-students network from USTC-SKLFS

博士生导师所指导博士生数量不小于5位的导师分布如表66。胡源教授以指导54名博士研究生排名第一位。孙金华、张和平以及廖光煊教授指导的博士研究生也都不小于30人。此外，陆守香、杨立中、张永明、卢兆明以及汪箭也指导了大量的研究生。基于师生网络图和密度图不难得出（图111），以这些高产博士生导师（如胡源、孙金华、张和平等）为核心，形成了不同合作团体。

表66　2006~2018年USTC-SKLFS博士生导师指导学生情况（指导学生数量>5人）
Table 66　Tutors with more than 5 graduated PhD students in USTC-SKLFS from 2006–2018

编号	博士生导师	关系数量	关系权重和	指导博士数量	平均年份	所属类团
1	胡源	68	113	54	2012.30	1
2	孙金华	45	60	38	2012.97	3
3	张和平	38	53	34	2013.18	5
4	廖光煊	39	47	30	2009.30	2
5	陆守香	33	36	27	2013.82	7
6	杨立中	29	32	26	2012.96	6
7	张永明	27	35	24	2013.17	8
8	卢兆明	30	44	20	2015.00	3
9	汪箭	23	27	20	2014.45	9
10	袁国杰	29	42	19	2014.47	1
11	宋磊	25	45	18	2013.72	1
12	宋卫国	22	27	17	2014.41	4
13	刘乃安	16	21	15	2014.20	4
14	范维澄	17	24	12	2008.33	4
15	霍然	11	13	10	2007.50	10
16	姜羲	11	12	9	2015.78	2
17	纪杰	11	15	9	2015.22	3
18	王青松	10	17	8	2015.38	3
19	胡隆华	12	14	8	2013.88	6
20	刘锦茂	12	16	7	2015.86	1
21	宗若雯	10	14	7	2011.14	2
22	王喜世	10	14	7	2014.29	2
23	程旭东	7	13	7	2015.14	5
24	蒋勇	10	10	7	2015.00	2

　　注：这里列出的是中国知网中从2006年开始统计的博士论文数量。火灾科学国家重点实验室各个博士生导师的详细介绍：https://safetyse.ustc.edu.cn/2010/0701/c4551a41554/page.htm

　　中国科学技术大学火灾科学国家重点实验室博士论文的师生网络同时也反映了其博士生指导的多导师模式。不仅火灾实验室内部不同导师之间有共同指导博士论文的现象，而且中国科学技术大学引入了校外的知名教授（图112）。例如早期与霍然教授团队有深入合作的周允基教授（香港理工大学），以及目前与火灾实验室合作密切的卢兆明教授、袁国杰教授以及刘锦茂教授（三位来自香港城市大学）。

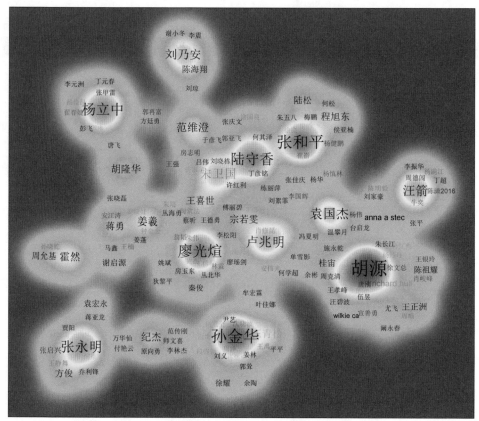

图 111　USTC-SKLFS 博士生导师 - 博士生密度图（2006~2018 年）

Fig.111　Tutors-students density map of USTC-SKLFS

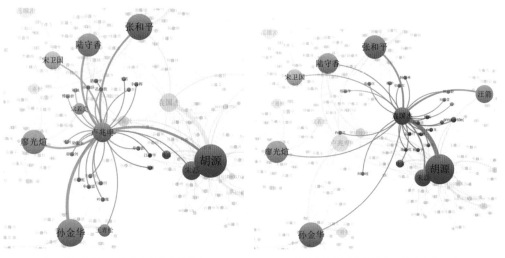

卢兆明在中国科学技术大学的合作网络　　　　　袁国杰在中国科学技术大学的合作网络

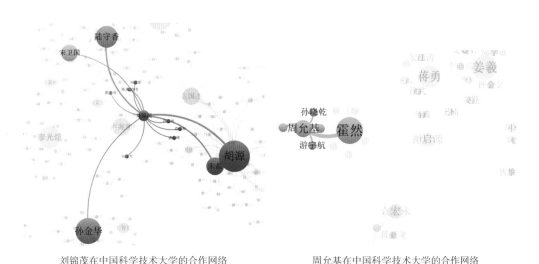

刘锦茂在中国科学技术大学的合作网络　　　周允基在中国科学技术大学的合作网络

图 112　USTC-SKLFS 博士生导师的子网络

Fig.112　Sub-network of tutors-students of USTC-SKLFS

　　每一个领域或学科的科学研究都存在代际传承的关系，中国科学技术大学火灾科学国家重点实验室博士生导师指导学生的时间分布同样呈现了类似的规律。图113展示了各位师生在博士论文中出现的平均时间，当然对于学生而言，节点的时间直接反映的就是其毕业时间。从时间分布来看，范维澄、霍然、廖光煊是第一批火灾实验室的博士研究生导师，指导的博士研究生论文的平均时间在2008年左右（图114）。胡源师从范维澄院士，也较早参与培养了火灾科学实验室的早期博士研究生。随后，张和平、杨立中、孙金华以及张永明等在2012~2014年之间指导了大量的博士研究生。近期比较活跃的博士生导师有姜羲、汪箭、宋卫国、卢兆明、陆守香、胡隆华、袁国杰、纪杰、王青松等，他们在2014~2016年之间培养了大量的研究生。

　　范维澄院士是中国科学技术大学火灾科学国家重点实验室创始人之一，是中国火灾安全科学研究的奠基人。在我国火灾研究走向科学化的道路上，做出了巨大的科学贡献。因其在火灾科学研究中的突出贡献，他在2018年获得了以国际火灾科学之父命名的火灾科学领域重要奖项"埃蒙斯奖"。在人才培养上，范维澄院士从1994年到2012年为我国指导了50余名火灾科学与公共安全领域的博士研究生，为我国火灾科学培养了大量人才。在这些人才中，有一部分博士研究生毕业后继续在火灾实验室工作，并成长为我国火灾科学发展的新兴力量。在师生网络的基础上，进一步标记了范维澄院士所指导的博士，发现其中有一批博士研究生成为后来火灾科学研究的中流砥柱。范维澄院士指导的博士研究生在网络中的分布如图115。

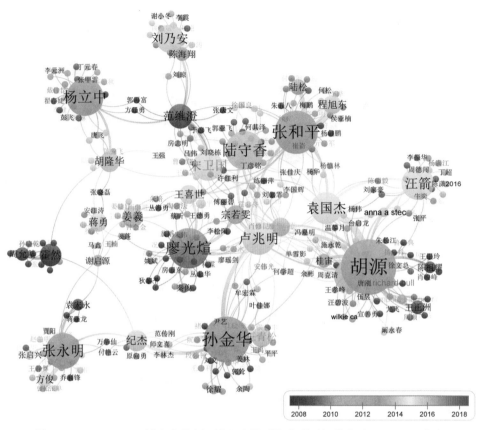

图 113　USTC-SKLFS 博士生导师 - 博士生的平均出现时间分布（2006~2018 年）
Fig.113　Average appeared year of tutors of the PhD thesis in USTC-SKLFS from 2006–2018

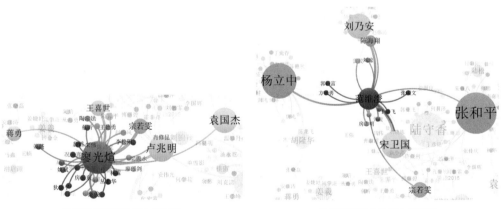

以廖光煊教授为核心的网络　　　　　　　以范维澄院士为核心的网络

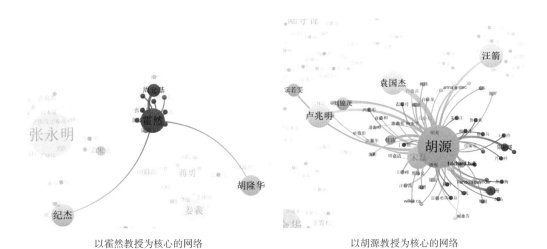

以霍然教授为核心的网络　　　　　　　　　　　　　　以胡源教授为核心的网络

图 114　USTC-SKLFS 早期四位博士生导师的师生网络

Fig.114　Sub-network of four tutors have smaller average year in the PhD thesis

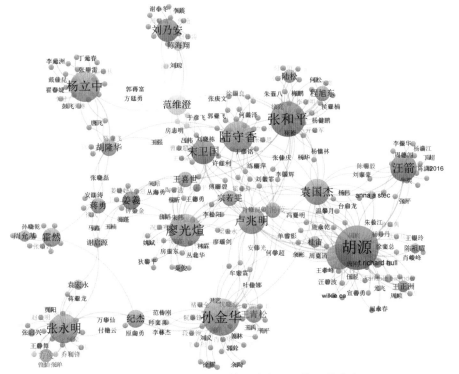

图 115　范维澄院士指导的博士在师生网络上的分布

Fig.115　PhD students of Fan Weicheng in the network

图中红色表示在 2006 年之前获得博士学位，多数已经成为博士生导师。

2006 年之后（包含 2006 年）毕业的学生用绿色表示，多为联合指导的学生

7.4.2 硕士生导师 - 硕士生关联地图

中国科学技术大学火灾科学国家重点实验室硕士论文的指导老师与学生的网络如图116。在硕士研究生的导师中，姚斌以指导20位硕士毕业，排在所有硕士生导师的第一位。随后依次是胡源、汪箭、王青松、蒋勇以及李元洲等。与"博士生导师-博士生"的网络相比，多位硕士生导师共同指导一位学生的情况要少很多。

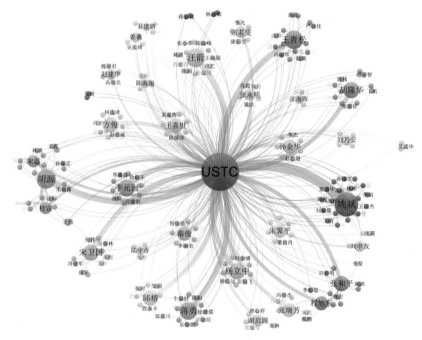

图 116　USTC-SKLFS 硕士生导师 - 硕士生网络

Fig.116　Tutors-master students' network of USTC-SKLFS

在至少指导过5位研究生的导师中（表67），王青松、胡隆华、方俊和程旭东所指导的研究生平均集中在2016年前后，是近期指导学生活跃的硕士生导师。其他硕士生导师指导硕士的时间分布参见图117。由于硕士论文的采集存在遗漏年份，因此这里仅展示了可获得数据所分析的学术地图，供火灾科学研究人员参考之用。

表67　USTC-SKLFS硕士生导师（指导学生数量>5人）

Table67　Tutors with more than 5 graduated master students from USTC-SKLFS

编号	硕士生导师	关系数量	关系权重和	指导硕士数量	平均年份	所属类团
1	姚斌	22	42	20	2014.50	1
2	胡源	21	41	13	2015.15	2

续表

编号	硕士生导师	关系数量	关系权重和	指导硕士数量	平均年份	所属类团
3	汪箭	13	24	12	2014.17	4
4	王青松	15	26	12	2016.08	3
5	蒋勇	13	23	11	2013.82	9
6	李元洲	11	20	10	2013.70	7
7	宋卫国	12	20	9	2013.44	6
8	杨立中	10	18	9	2012.44	10
9	胡隆华	12	20	9	2016.22	5
10	张和平	12	22	8	2014.00	8
11	方俊	9	16	8	2016.38	11
12	邱榕	10	17	8	2013.50	12
13	孙金华	8	14	7	2014.29	14
14	张瑞芳	10	17	7	2014.00	18
15	朱霁平	8	14	7	2012.71	15
16	王喜世	8	14	7	2014.57	16
17	秦俊	8	14	7	2013.71	17
18	程旭东	10	20	7	2016.00	8

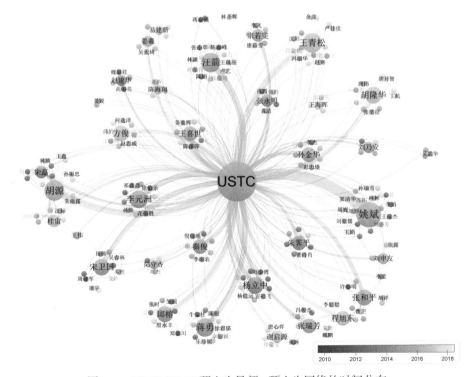

图 117 USTC-SKLFS 硕士生导师 - 硕士生网络的时间分布

Fig.117 Average appeared year of tutors-master students from USTC-SKLFS

7.4.3 硕博论文主题学术地图

硕博论文的关键词直接反映了其论文所关注的核心内容，这里分别对中国科学技术大学的硕博论文的主题进行分析，得到中国科学技术大学硕士论文的主题分布，如图118。中国科学技术大学博士论文的研究主题如图119。博硕士论文中所使用的高频关键词如表68。

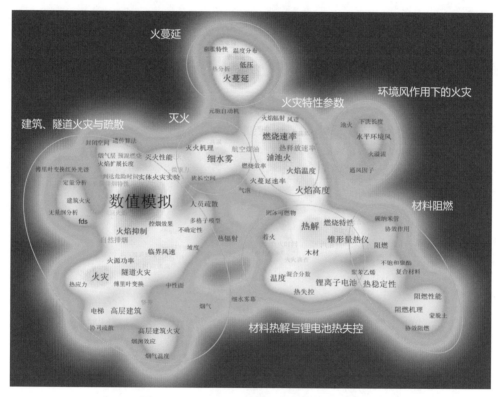

图 118 USTC-SKLFS 硕士论文关键词分布

Fig.118 Keywords density map of master theses of USTC-SKLFS

在硕博论文中，数值模拟的词频都排名第一，反映了数值模拟作为火灾科学研究中最为基础的方法，被大量用于硕博论文的课题研究中。硕士论文关键词主要集聚在"建筑、隧道火灾与疏散"、"火蔓延"、"灭火"、"火灾特性参数"、"材料热解与锂电池失控"、"环境风作用下的火灾"以及"材料阻燃"等方面（图118）。博士论文研究主题主要分布在"材料阻燃"、"人员疏散"、"火灾特性实验"、"微尺度燃烧"、"灭火技术"、"热解与火蔓延"以及"建筑、隧道火灾数值模拟"等方面（图119）。

表68　USTC-SKLFS火灾科学博硕论文高频关键词
Table 68　High frequency keywords of PhD and master thesesfrom USTC-SKLFS

论文词频	博士论文关键词（词频）	论文词频	硕士论文关键词（词频）
10~20	数值模拟（20）、火焰高度（17）、火蔓延（17）、热解（16）、燃烧性能（16）、阻燃机理（16）、热释放速率（15）、人员疏散（14）、火灾（14）、燃烧特性（14）、实验（12）、纳米复合材料（12）、细水雾（12）、温度分布（11）、热稳定性（11）、油池火（10）、灭火机理（10）	4~28	数值模拟（28）、火灾（8）、热解（8）、火焰高度（7）、火蔓延（7）、燃烧速率（7）、细水雾（7）、油池火（6）、温度（6）、热稳定性（6）、锂离子电池（6）、锥形量热仪（6）、火焰抑制（5）、高层建筑（5）、层次分析法（4）、火焰温度（4）、火蔓延速率（4）、热释放速率（4）、燃烧特性（4）、隧道火灾（4）
5~9	燃烧速率（9）、顶棚射流（9）、元胞自动机（8）、热性能（8）、隧道火灾（8）、低压低氧（7）、无卤阻燃（7）、模型（7）、火焰结构（7）、行人流（7）、质量损失速率（7）、锂离子电池（7）、阻燃性能（7）、受限空间（6）、火灾探测（6）、点燃时间（6）、烟囱效应（6）、纳米复合（6）、纵向通风（6）、聚丙烯（6）、中性面（5）、全尺寸实验（5）、反应动力学（5）、固体可燃物（5）、外界风（5）、水喷淋（5）、池火（5）、热辐射（5）、燃烧（5）、环境压力（5）、竖井（5）、聚苯乙烯（5）	3	FDS、临界风速、人员疏散、低压、实体火灾实验、木材、水平环境风、汽油、火源功率、火焰形态、灭火性能、灭火机理、热失控、热辐射、电梯、着火、着火时间、纵向通风、细水雾灭火系统、自然排烟、航空煤油、阻燃、阻燃性能、阻燃机理、障碍物、高层建筑火灾

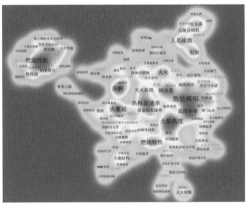

USTC-SKLFS博士论文主题整体分布

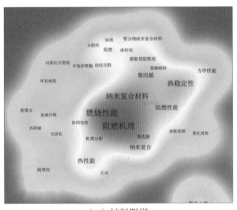

（1）材料阻燃

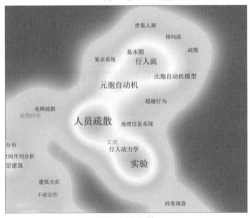

（2）人员疏散

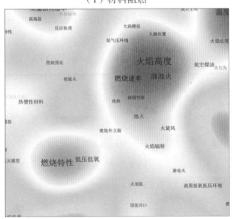

（3）火灾特性实验

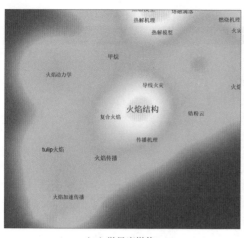

（4）微尺度燃烧

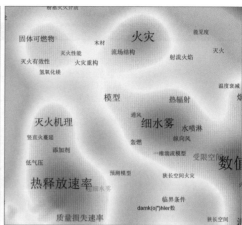

（5）灭火技术

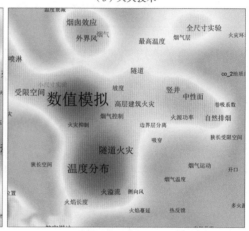

（6）热解与火蔓延

（7）建筑、隧道火灾数值模拟

图 119　USTC-SKLFS 火灾科学博士论文关键词分布

Fig.119　Keywords density map of PhD theses in USTC-SKLFS

　　博士论文与硕士论文相比，在选题和研究上更加具有系统性和创新性。为此，进一步对博士论文关键词的时间特征进行分析，并提取平均出现时间在2014年之后的关键词来进一步进行讨论。分析结果显示（图120），中国科学技术大学近期博士论文的研究主题集中在"阻燃材料"、"锂电池火灾"、"隧道火灾"和"人员疏散"等方面。在更加具体的研究中，锂离子电池主要涉及有热失控、敏感性分析、电解液等方面；隧道火灾相关研究的主题有烟气温度、边界层分离以及火溢流等方面（图121）。

图 120　近 5 年 USTC-SKLFS 火灾科学博士论文关键词

Fig.120　PhD theses keywords of USTC-SKLFS fire science research in recent 5 years

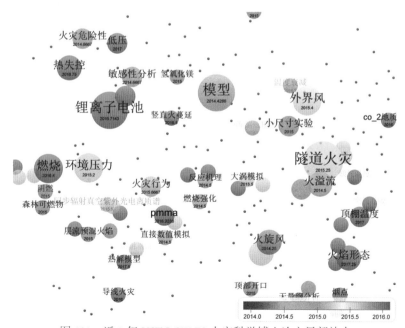

图 121　近 5 年 USTC-SKLFS 火灾科学博士论文局部放大

Fig.121　Zoom of the PhD theses keywords of USTC-SKLFSfire science research in recent 5 years

7.5　本章小结

　　国内火灾科学研究成果是整个火灾科学研究产出中重要的一部分。本章分别对《火灾科学》、《消防科学与技术》、中国消防协会科学技术年会和中国科学技术大学火灾科学国家重点实验室学位论文进行了全面的分析。对本章分析的主要结果总结如下：

　　（1）《火灾科学》和《消防科学与技术》的分析结果显示，《火灾科学》期刊的论文产出与《消防科学与技术》的论文产出存在极大的差距。其在2000~2018年，《火灾科学》的年均产出论文仅仅为38篇，该时间段的论文总量也仅为734篇。相比而言，《消防科学与技术》是我国刊载火灾科学研究成果密度最高的期刊。在2000~2018年共发表了7617篇论文，年均产出论文401篇，在论文总量和年均论文产量上是《火灾科学》的10倍多。

　　从产出的作者及机构来看，《火灾科学》刊载的论文主要来自中国科学技术大学火灾科学国家重点实验室。《消防科学与技术》的高被引论文的机构主要来源于公安部的消防研究所，其中以公安部天津消防研究所最为突出。

　　在研究主题上，《火灾科学》的热点研究主题有人员疏散、细水雾灭火、森林火灾、火灾探测等方面。并形成了"火灾实验"、"细水雾灭火"、"材料与阻燃"以及"林火"等主题群。《消防科学与技术》的高被引论文的热点主题有消防、疏散、灭火救援、性能化设计以及火灾调查等方面，且围绕高频研究主题形成了"消防"、"火灾、数值模拟、疏散、高层建筑"以及"火灾调查"的主题群。

　　（2）中国消防协会科学技术年会的研究结果显示，2010~2018年在该会议上一共刊登了1807篇论文。论文作者的单位主要来自公安部消防研究所，其中公安部上海消防研究所排名第一。研究的热点主题涉及对策、灭火救援、消防安全、管理以及应急救援等。该期刊的主题与《消防科学与技术》的主题有一定的相似性，即研究问题都比较注重实用性，与实际问题联系紧密。

　　（3）中国科学技术大学火灾科学国家重点实验室硕博学位论文的研究结果显示，在该实验室中普遍存在多导师指导博士生的模式。胡源教授在样本数据中共指导了54名博士，指导学生人数排名第一。此外，孙金华、张和平以及廖光煊等教授也指导了大量的博士研究生。范维澄院士作为中国科学技术大学火灾科学国家重点实验室的主要创建人之一，为我国火灾科学培养了大量的人才。经过分析，在当前中国科学技术大学火灾科学国家重点实验室的核心研究成员中，有一大部分是范维澄院士指导的博士生。在硕士生指导中，姚斌以指导20名硕士排在首位。随后依次是胡源、汪箭以及王青松等。

　　硕博论文的主题分析结果显示，数值模拟的方法是中国科学技术大学火灾科学国家重点实验室学位论文中广泛采用的方法。硕士论文的研究主题分布在"建筑、隧道火灾和疏散"、"火蔓延"、"灭火"、"材料热解与锂电池失控"等方面；博士论文的研究主题集中在"材料阻燃"、"人员疏散"以及"火灾特性实验"等方面。在近期的研究中，博士论文的研究主题集中在"阻燃材料"、"锂电池火灾"、"隧道火灾"以及"人员疏散"等方面。

附录 A 四大火灾科学期刊高被引论文

被引频次	作者	时间	标题	期刊
587	Schartel, B	2007	Development of fire-retarded materials–interpretation of cone calorimeter data	Fire and Materials
386	Huggett, C	1980	Estimation of rate of heat release by means of oxygen-consumption measurements	Fire and Materials
376	Babrauskas, V	1992	Heat release rate–the single most important variable in fire hazard	Fire Safety Journal
317	Levchik, Sergei	2006	A review of recent progress in phosphorus-based flame retardants	Journal of Fire Sciences
254	Wu, Y	2000	Control of smoke flow in tunnel fires using longitudinal ventilation systems–a study of the critical velocity	Fire Safety Journal
238	Babrauskas, V	1984	Development of the cone calorimeter–a bench-scale heat release rate apparatus based on oxygen-consumption	Fire and Materials
232	Bourbigot, S	2000	Pa-6 clay nanocomposite hybrid as char forming agent in intumescent formulations	Fire and Materials
223	Schneider, U	1988	Concrete at high-temperatures–a general-review	Fire Safety Journal
210	Arioz, Omer	2007	Effects of elevated temperatures on properties of concrete	Fire Safety Journal
207	Hertz, Kd	2003	Limits of spalling of fire-exposed concrete	Fire Safety Journal
193	Porter, D	2000	Nanocomposite fire retardants–a review	Fire and Materials
180	Oka, Y	1995	Control of smoke flow in tunnel fires	Fire Safety Journal
171	Beyer, G	2001	Flame retardant properties of eva-nanocomposites and improvements by combination of nanofillers with aluminium trihydrate	Fire and Materials
170	Thompson, PA	1995	A computer-model for the evacuation of large building populations	Fire Safety Journal
156	Mcgrattan, KB	1998	Large eddy simulations of smoke movement	Fire Safety Journal
151	Babrauskas, V	1983	Estimating large pool fire burning rates	Fire Technology
147	Beyer, G	2002	Short communication: carbon nanotubes as flame retardants for polymers	Fire and Materials
146	Quintiere, JG	1989	Scaling applications in fire research	Fire Safety Journal
143	Weil, Edward	2008	Flame retardants in commercial use or development for textiles	Journal of Fire Sciences
141	Celik, Turgay	2009	Fire detection in video sequences using a generic color model	Fire Safety Journal
138	Kobes, Margrethe	2010	Building safety and human behaviour in fire: a literature review	Fire Safety Journal

续表

被引频次	作者	时间	标题	期刊
137	Ko, Byoung	2009	Fire detection based on vision sensor and support vector machines	Fire Safety Journal
137	Kurioka, H	2003	Fire properties in near field of square fire source with longitudinal ventilation in tunnels	Fire Safety Journal
137	Dimitrakopoulos, AP	2001	Flammability assessment of mediterranean forest fuels	Fire Technology
137	Devaux, E	2002	Polyurethane/clay and polyurethane/poss nanocomposites as flame retarded coating for polyester and cotton fabrics	Fire and Materials
130	Chandra, S	1996	Effect of liquid-solid contact angle on droplet evaporation	Fire Safety Journal
129	Usmani, As	2001	Fundamental principles of structural behaviour under thermal effects	Fire Safety Journal
126	Li, Ying	2010	Study of critical velocity and backlayering length in longitudinally ventilated tunnel fires	Fire Safety Journal
123	Morgan, Alexander	2013	An overview of flame retardancy of polymeric materials: application, technology, and future directions	Fire and Materials
120	Morgan, Alexander	2007	Cone calorimeter analysis of UL-94 V-rated plastics	Fire and Materials
117	Lautenberger, Chris	2009	Generalized pyrolysis model for combustible solids	Fire Safety Journal
116	Morgan, AB	2002	Flammability of polystyrene layered silicate (clay) nanocomposites: carbonaceous char formation	Fire and Materials
112	Heskestad, G	1983	Luminous heights of turbulent-diffusion flames	Fire Safety Journal
112	Wald, F	2006	Experimental behaviour of a steel structure under natural fire	Fire Safety Journal
112	Xiao, JZ	2004	Study on concrete at high temperature in China–an overview	Fire Safety Journal
109	Husem, M	2006	The effects of high temperature on compressive and flexural strengths of ordinary and high-performance concrete	Fire Safety Journal
108	Kashiwagi, T	2000	Flame retardant mechanism of silica gel/silica	Fire and Materials
107	Xiao, JZ	2006	On residual strength of high-performance concrete with and without polypropylene fibres at elevated temperatures	Fire Safety Journal
107	Weil, ED	2004	A review of current flame-retardant systems for epoxy resins	Journal of Fire Sciences
106	Heskestad, G	1984	Engineering relations for fire plumes	Fire Safety Journal
105	Duquesne, S	2003	Expandable graphite: a fire-retardant additive for polyurethane coatings	Fire and Materials
104	Kunsch, JP	2002	Simple model for control of fire gases in a ventilated tunnel	Fire Safety Journal
102	Lo, S	2006	A game theory-based exit selection model for evacuation	Fire Safety Journal
100	Delobel, R	1990	Thermal behaviors of ammonium polyphosphate-pentaerythritol and ammonium pyrophosphate-pentaerythritol intumescent additives in polypropylene formulations	Journal of Fire Sciences

注：该表为四大刊中论文被引频次不小于100的论文

附录 B　四大火灾科学期刊各聚类中的高被引论文

作者	聚类	被引频次	论文标题	期刊
Mcgrattan (1998)	1	156	Large eddy simulations of smoke movement	Fire Safety Journal
Ma (2003)	1	98	Numerical simulation of axi-symmetric fire plumes: accuracy and limitations	Fire Safety Journal
Xue (2001)	1	72	Comparison of different combustion models in enclosure fire simulation	Fire Safety Journal
Woodburn (1996)	1	72	Simulations of a tunnel fire	Fire Safety Journal
Silvani (2009)	1	67	Fire spread experiments in the field: temperature and heat fluxes measurements	Fire Safety Journal
Zhang (2002)	1	58	Turbulence statistics in a fire room model by large eddy simulation	Fire Safety Journal
Lautenberger (2005)	1	55	A simplified model for soot formation and oxidation in cfd simulation of non-premixed hydrocarbon flames	Fire Safety Journal
Yuan (1996)	1	53	An experimental study of some line fires	Fire Safety Journal
Wen (2007)	1	52	Validation of fds for the prediction of medium-scale pool fires	Fire Safety Journal
Audouin (1995)	1	52	Average centerline temperatures of a buoyant pool fire obtained by image-processing of video recordings	Fire Safety Journal
Bourbigot (2000)	2	232	Clay nanocomposite hybrid as char forming agent in intumescent formulations	Fire and Materials
Beyer (2001)	2	171	Flame retardant properties of eva-nanocomposites and improvements by combination of nanofillers with aluminium trihydrate	Fire and Materials
Weil (2008)	2	143	Flame retardants in commercial use or development for textiles	Journal of Fire Sciences
Devaux (2002)	2	137	Polyurethane/clay and polyurethane/poss nanocomposites as flame retarded coating for polyester and cotton fabrics	Fire and Materials
Morgan (2013)	2	123	An overview of flame retardancy of polymeric materials: application, technology, and future directions	Fire and Materials
Morgan (2007)	2	120	Cone calorimeter analysis of ul-94 v-rated plastics	Fire and Materials
Morgan (2002)	2	116	Flammability of polystyrene layered silicate (clay) nanocomposites: carbonaceous char formation	Fire and Materials
Duquesne (2003)	2	105	Expandable graphite: a fire-retardant additive for polyurethane coatings	Fire and Materials

续表

作者	聚类	被引频次	论文标题	期刊
Bourbigot (2002)	2	96	Heat resistance and flammability of high performance fibres: a review	Fire and Materials
Morgan (2005)	2	89	A flammability performance comparison between synthetic and natural clays in polystyrene nanocomposites	Fire and Materials
Schartel (2007)	3	587	Development of fire-retarded materials - interpretation of cone calorimeter data	Fire and Materials
Lautenberger (2009)	3	117	Generalized pyrolysis model for combustible solids	Fire Safety Journal
Spearpoint (2001)	3	78	Predicting the piloted ignition of wood in the cone calorimeter using an integral model - effect of species, grain orientation and heat flux	Fire Safety Journal
Lautenberger (2006)	3	73	The application of a genetic algorithm to estimate material properties for fire modeling from bench-scale fire test data	Fire Safety Journal
Moghtaderi (2006)	3	62	The state-of-the-art in pyrolysis modelling of lignocellulosic solid fuels	Fire and Materials
Lyon (2000)	3	62	Heat release kinetics	Fire and Materials
Staggs (1999a)	3	48	Modelling thermal degradation of polymers using single-step first-order kinetics	Fire Safety Journal
Yan (1996)	3	45	Cfd and experimental studies of room fire growth on wall lining materials	Fire Safety Journal
Stoliarov (2009)	3	43	The effect of variation in polymer properties on the rate of burning	Fire and Materials
Hagen (2009)	3	42	Flammability assessment of fire-retarded nordic spruce wood using thermogravimetric analyses and cone calorimetry	Fire Safety Journal
Arioz (2007)	4	210	Effects of elevated temperatures on properties of concrete	Fire Safety Journal
Husem (2006)	4	109	The effects of high temperature on compressive and flexural strengths of ordinary and high-performance concrete	Fire Safety Journal
Xiao (2006a)	4	107	On residual strength of high-performance concrete with and without polypropylene fibres at elevated temperatures	Fire Safety Journal
Kodur (2007)	4	96	Critical factors governing the fire performance of high strength concrete systems	Fire Safety Journal
Behnood (2009)	4	91	Comparison of compressive and splitting tensile strength of high-strength concrete with and without polypropylene fibers heated to high temperatures	Fire Safety Journal
Dwaikat (2009)	4	82	Hydrothermal model for predicting fire-induced spalling in concrete structural systems	Fire Safety Journal
Li (2005)	4	76	Stress-strain constitutive equations of concrete material at elevated temperatures	Fire Safety Journal
Thomas (2002)	4	73	Thermal properties of gypsum plasterboard at high temperatures	Fire and Materials
Gardner (2006)	4	68	Temperature development in structural stainless-steel sections exposed to fire	Fire Safety Journal

续表

作者	聚类	被引频次	论文标题	期刊
Holborn (2003)	4	64	An analysis of fatal unintentional dwelling fires investigated by london fire brigade between 1996 and 2000	Fire Safety Journal
Wu (2000)	5	254	Control of smoke flow in tunnel fires using longitudinal ventilation systems–a study of the critical velocity	Fire Safety Journal
Oka (1995)	5	180	Control of smoke flow in tunnel fires	Fire Safety Journal
Kurioka (2003)	5	137	Fire properties in near field of square fire source with longitudinal ventilation in tunnels	Fire Safety Journal
Li (2010)	5	126	Study of critical velocity and backlayering length in longitudinally ventilated tunnel fires	Fire Safety Journal
Kunsch (2002)	5	104	Simple model for control of fire gases in a ventilated tunnel	Fire Safety Journal
Li (2011)	5	96	The maximum temperature of buoyancy-driven smoke flow beneath the ceiling in tunnel fires	Fire Safety Journal
Hwang (2005)	5	90	The critical ventilation velocity in tunnel fires–a computer simulation	Fire Safety Journal
Ingason (2010)	5	87	Model scale tunnel fire tests with longitudinal ventilation	Fire Safety Journal
Lonnermark (2005)	5	75	Gas temperatures in heavy goods vehicle fires in tunnels	Fire Safety Journal
Tilley (2011)	5	51	Verification of the accuracy of cfd simulations in small-scale tunnel and atrium fire configurations	Fire Safety Journal
Thompson (1995)	6	170	A computer-model for the evacuation of large building populations	Fire Safety Journal
Kobes (2010)	6	138	Building safety and human behaviour in fire: a literature review	Fire Safety Journal
Lo (2006)	6	102	A game theory-based exit selection model for evacuation	Fire Safety Journal
Gwynne (2001)	6	92	Modelling occupant interaction with fire conditions using the buildingexodus evacuation model	Fire Safety Journal
Gwynne (1999)	6	77	A review of the methodologies used in evacuation modelling	Fire and Materials
Lo (2004)	6	73	An evacuation model: the sgem package	Fire Safety Journal
Thompson (1995a)	6	71	Testing and application of the computer-model simulex	Fire Safety Journal
Shields (2000)	6	66	A study of evacuation from large retail stores	Fire Safety Journal
Yuan (2011)	6	63	Video-based smoke detection with histogram sequence of lbp and lbpv pyramids	Fire Safety Journal
Gubbi (2009)	6	60	Smoke detection in video using wavelets and support vector machines	Fire Safety Journal
Babrauskas (1984)	7	238	Development of the cone calorimeter - a bench-scale heat release rate apparatus based on oxygen-consumption	Fire and Materials
Ingason (2005)	7	94	Heat release rates from heavy goods vehicle trailer fires in tunnels	Fire Safety Journal
Parker (1984)	7	68	Calculations of the heat release rate by oxygen-consumption for various applications	Journal of Fire Sciences

续表

作者	聚类	被引频次	论文标题	期刊
Walters (2000)	7	64	Heats of combustion of high temperature polymers	Fire and Materials
Nazare (2002)	7	57	Use of cone calorimetry to quantify the burning hazard of apparel fabrics	Fire and Materials
Zeng (2002)	7	54	Review on chemical reactions of burning poly(methyl methacrylate) pmma	Journal of Fire Sciences
Babrauskas (1998)	7	37	A methodology for obtaining and using toxic potency data for fire hazard analysis	Fire Safety Journal
Zeng (2002a)	7	36	Preliminary studies on burning behavior of polymethylmethacrylate (pmma)	Journal of Fire Sciences
Lyon (2003)	7	34	Fire-resistant elastomers	Fire and Materials
Esposito (1988)	7	33	Inhalation toxicity of carbon-monoxide and hydrogen-cyanide gases released during the thermal-decomposition of polymers	Journal of Fire Sciences
Dimitrakopoulos (2001)	8	137	Flammability assessment of mediterranean forest fuels	Fire Technology
Tse (1998)	8	58	On the flight paths of metal particles and embers generated by power lines in high winds - a potential source of wildland fires	Fire Safety Journal
Morvan (2009)	8	52	Physical modelling of fire spread in grasslands	Fire Safety Journal
Morandini (2001)	8	45	The contribution of radiant heat transfer to laboratory-scale fire spread under the influences of wind and slope	Fire Safety Journal
Manzello (2006)	8	43	On the ignition of fuel beds by firebrands	Fire and Materials
Morvan (2011a)	8	42	Physical phenomena and length scales governing the behaviour of wildfires: a case for physical modelling	Fire Technology
Santoni (2006)	8	39	Instrumentation of wildland fire: characterisation of a fire spreading through a mediterranean shrub	Fire Safety Journal
Viegas (2011)	8	38	Eruptive behaviour of forest fires	Fire Technology
Manzello (2008a)	8	38	Experimental investigation of firebrands: generation and ignition of fuel beds	Fire Safety Journal
Anthenien (2006)	8	37	On the trajectories of embers initially elevated or lofted by small scale ground fire plumes in high winds	Fire Safety Journal
Downie (1995)	9	49	Interaction of a water mist with a buoyant methane diffusion flame	Fire Safety Journal
Ndubizu (1998)	9	43	On water mist fire suppression mechanisms in a gaseous diffusion flame	Fire Safety Journal
Tseng (2006)	9	37	Enhancement of water droplet evaporation by radiation absorption	Fire Safety Journal
Tang (2013)	9	32	Experimental study of the downward displacement of fire-induced smoke by water sprays	Fire Safety Journal
Hua (2002)	9	32	A numerical study of the interaction of water spray with a fire plume	Fire Safety Journal
Yao (1999)	9	31	Interaction of water mists with a diffusion flame in a confined space	Fire Safety Journal

续表

作者	聚类	被引频次	论文标题	期刊
Back (2000)	9	29	A quasi-steady-state model for predicting fire suppression in spaces protected by water mist systems	Fire Safety Journal
Jenft (2014)	9	28	Experimental and numerical study of pool fire suppression using water mist	Fire Safety Journal
Liu (2007)	9	27	A study of portable water mist fire extinguishers used for extinguishment of multiple fire types	Fire Safety Journal
Hostikka (2006)	9	26	Numerical modeling of radiative heat transfer in water sprays	Fire Safety Journal
Wang (2002)	9	26	Experimental study on the effectiveness of the extinction of a pool fire with water mist	Journal of Fire Sciences
Xie (2008)	10	25	Full-scale experimental study on crack and fallout of toughened glass with different thicknesses	Fire and Materials
Manzello (2007b)	10	23	An experimental determination of a real fire performance of a non-load bearing glass wall assembly	Fire Technology
Wang (2014)	10	20	Fracture behavior of a four-point fixed glass curtain wall under fire conditions	Fire Safety Journal
Kang (2009)	10	18	Assessment of a model development for window glass breakage due to fire exposure in a field model	Fire Safety Journal
Klassen (2006)	10	16	Transmission through and breakage of multi-pane glazing due to radiant exposure	Fire Technology
Wang (2014b)	10	14	Development of a dynamic model for crack propagation in glazing system under thermal loading	Fire Safety Journal
Wang (2015a)	10	13	Fracture behavior of framing coated glass curtain walls under fire conditions	Fire Safety Journal
Pope (2007)	10	12	Development of a gaussian glass breakage model within a fire field model	Fire Safety Journal
Klassen (2010)	10	8	Transmission through and breakage of single and multi-pane glazing due to radiant exposure: state of research	Fire Technology
Xie (2011)	10	7	Experimental study on critical breakage stress of float glass with different thicknesses under conditions with temperatures of 25 and 200-degrees c	Fire and Materials

附录 C　2006~2018 年中国科学技术大学火灾科学国家重点实验室博士论文

[1]　庄异凡. 地铁空间典型瓶颈处的行人运动特性和限流措施研究 [D]. 中国科学技术大学 , 2018.

[2]　朱长江. 新型无卤膨胀型阻燃剂的制备及其阻燃聚丙烯性能研究 [D]. 中国科学技术大学 , 2018.

[3]　周天念. 弧形截面隧道内受限火行为特征及移动式风机排烟方法研究 [D]. 中国科学技术大学 , 2018.

[4]　赵彦丽. 压力和氧浓度对 PE 导线火蔓延及燃烧特性影响研究 [D]. 中国科学技术大学 , 2018.

[5]　赵坤. 开放边界条件下 PMMA 三维向下火蔓延规律研究 [D]. 中国科学技术大学 , 2018.

[6]　张晓磊. 矩形火源火羽流与顶棚射流行为及特征参数模型研究 [D]. 中国科学技术大学 , 2018.

[7]　翟春婕. 林火时变辐射热流下可燃物热解着火及火蔓延模型研究 [D]. 中国科学技术大学 , 2018.

[8]　徐明俊. 单液滴与着火液体相互作用动力学特性研究 [D]. 中国科学技术大学 , 2018.

[9]　吴唐琴. 锂离子电池产热和热诱导失控特性实验研究 [D]. 中国科学技术大学 , 2018.

[10]　王志刚. 典型液体池火燃烧特性及其烟气的细水雾幕控制方法研究 [D]. 中国科学技术大学 , 2018.

[11]　万华仙. 不同受限条件下双方形对称火源相互作用燃烧行为研究 [D]. 中国科学技术大学 , 2018.

[12]　孙锦路. 船体倾斜状态下人员运动特征研究 [D]. 中国科学技术大学 , 2018.

[13]　盛友杰. 碳氢和有机硅表面活性剂复配体系为基剂的泡沫灭火剂研究 [D]. 中国科学技术大学 , 2018.

[14]　罗琳. 考虑人员运动特征变化的行人动力学场域元胞自动机模型研究 [D]. 中国科学技术大学 , 2018.

[15]　刘絮霏. 火灾烟气对金属材料的腐蚀作用和评估模型研究 [D]. 中国科学技

术大学 , 2018.

[16] 刘驰 . 多组分行人流的实验与模拟研究 [D]. 中国科学技术大学 , 2018.

[17] 林高华 . 基于动态纹理和卷积神经网络的视频烟雾探测方法研究 [D]. 中国科学技术大学 , 2018.

[18] 练丽萍 . 行人汇流与交叉流的实验研究 [D]. 中国科学技术大学 , 2018.

[19] 李盼 . 高海拔环境对油池火行为及油面辐射热反馈的影响研究 [D]. 中国科学技术大学 , 2018.

[20] 李曼 . 高层建筑多因素作用下火灾发展机理和烟气控制研究 [D]. 中国科学技术大学 , 2018.

[21] 焦艳 . 多油池火源燃烧特性的实验与理论研究 [D]. 中国科学技术大学 , 2018.

[22] 黄鹄 . 锂离子电池典型可燃组件热安全性研究 [D]. 中国科学技术大学 , 2018.

[23] 黄沛丰 . 锂离子电池火灾危险性及热失控临界条件研究 [D]. 中国科学技术大学 , 2018.

[24] 贺佳佳 . 典型外墙保温材料 RPU 热解与燃烧特性研究 [D]. 中国科学技术大学 , 2018.

[25] 管雨 . 基于压差原理的飞机发动机舱灭火剂浓度测量技术研究 [D]. 中国科学技术大学 , 2018.

[26] 丛海勇 . 一种板—竖井耦合排烟方法及其影响机制研究 [D]. 中国科学技术大学 , 2018.

[27] 陈钦佩 . 常压和低压下水含量对液体燃料火灾危险性影响机理研究 [D]. 中国科学技术大学 , 2018.

[28] 曾益萍 . 建筑楼梯间行人疏散实验与模拟研究 [D]. 中国科学技术大学 , 2018.

[29] 边会婷 . 烷基环己烷和 2- 溴 -3,3,3- 三氟丙烯燃烧化学动力学理论研究 [D]. 中国科学技术大学 , 2018.

[30] KUNDU C K. 使用可持续方法设计聚酰胺 66 织物的新型阻燃处理方式 [D]. 中国科学技术大学 , 2018.

[31] 朱培 . 细水雾与冷 / 热态天然气泄漏射流相互作用的模拟研究 [D]. 中国科学技术大学 , 2017.

[32] 张少杰 . 气体多火源燃烧的实验和理论研究 [D]. 中国科学技术大学 , 2017.

[33] 张少刚 . 地铁列车对区间隧道火灾逆流烟气输运特性影响的研究 [D]. 中国科学技术大学 , 2017.

[34] 张丹 . 5- 氨基四氮唑类固体推进剂热解动力学及燃烧特性研究 [D]. 中国科

学技术大学, 2017.

[35] 原向勇. 外界风作用下建筑竖向通道及相连空间内火灾发展特性研究 [D]. 中国科学技术大学, 2017.

[36] 叶佳娜. 锂电子电池过充电和过放电条件下热失控（失效）特性及机制研究 [D]. 中国科学技术大学, 2017.

[37] 杨玖玲. 泥炭阴燃及阴燃气体生成规律的实验与机理研究 [D]. 中国科学技术大学, 2017.

[38] 许伟伟. 水性漆液滴触壁动力学及燃烧特性研究 [D]. 中国科学技术大学, 2017.

[39] 许立. 固体可燃物热解模型参数的实验及理论研究 [D]. 中国科学技术大学, 2017.

[40] 徐武. 若干哈龙替代物抑制碳氢火焰的机理研究 [D]. 中国科学技术大学, 2017.

[41] 吴志博. 高海拔环境下燃料着火特性及燃烧强化研究 [D]. 中国科学技术大学, 2017.

[42] 温攀月. 新型成炭剂的设计及其阻燃聚合物材料的热稳定性和燃烧性能的研究 [D]. 中国科学技术大学, 2017.

[43] 王静舞. 横向风条件下射流扩散火焰形态与燃烧特性研究 [D]. 中国科学技术大学, 2017.

[44] 王冬. 含磷氮阻燃单体和功能化二氧化硅的设计与阻燃不饱和聚酯的研究 [D]. 中国科学技术大学, 2017.

[45] 陶骏骏. 分层燃料可燃性和点燃条件研究 [D]. 中国科学技术大学, 2017.

[46] 宋超. 面向城市消防站选址规划的时空动态火灾风险建模分析 [D]. 中国科学技术大学, 2017.

[47] 潘颖. 层层自组装阻燃涂层的设计及其涤纶后整理的研究 [D]. 中国科学技术大学, 2017.

[48] 刘长城. 三种典型镁合金材料火灾行为及高温氧化 / 氮化研究 [D]. 中国科学技术大学, 2017.

[49] 刘家豪. 低气压环境对液体池火诱导火羽流及顶棚射流的影响机理研究 [D]. 中国科学技术大学, 2017.

[50] 李治. 增韧疏水性二氧化硅气凝胶制备及燃烧性能研究 [D]. 中国科学技术大学, 2017.

[51] 李震. 小尺寸 PMMA 火焰传热阻碍效应实验研究 [D]. 中国科学技术大学, 2017.

[52] 姜林. 典型聚合物材料的热解动力学与火蔓延特性研究 [D]. 中国科学技术

大学, 2017.

[53] 何豪. 通电聚乙烯导线火蔓延伴随的熔融滴落行为研究 [D]. 中国科学技术大学, 2017.

[54] 郭亚飞. 负载型碳酸钾吸收剂低温清除封闭空间低浓度 CO_2 反应特性与机理研究 [D]. 中国科学技术大学, 2017.

[55] 葛骅. 含磷阻燃剂/单体的合成及其聚酰胺的热稳定性与阻燃性能研究 [D]. 中国科学技术大学, 2017.

[56] 傅丽碧. 考虑人员行为特征的行人与疏散动力学研究 [D]. 中国科学技术大学, 2017.

[57] 付阳阳. 典型锂离子电池和电解液燃烧特性及航空运输环境对其影响机制研究 [D]. 中国科学技术大学, 2017.

[58] 付艳云. 隧道侧壁对油池火燃烧及顶棚射流特性影响的实验研究 [D]. 中国科学技术大学, 2017.

[59] 冯夏明. 二维二硫化钼/聚合物纳米复合材料的制备及其力学、热学和燃烧性能的研究 [D]. 中国科学技术大学, 2017.

[60] 丁彦铭. 基于 OpenFOAM 平台的木质生物质多组分热解及燃烧特性数值模拟研究 [D]. 中国科学技术大学, 2017.

[61] 陈明毅. 常压和低压下锂原电池、锂离子电池火灾行为研究 [D]. 中国科学技术大学, 2017.

[62] 曹淑超. 视野受限条件下的行人运动实验与模型研究 [D]. 中国科学技术大学, 2017.

[63] 周学进. 耦合详细反应机理的非预混富氢燃烧的大涡模拟 [D]. 中国科学技术大学, 2016.

[64] 钟金金. 宇宙射线 μ 子成像在 CO_2 地质封存监测中的应用可行性研究 [D]. 中国科学技术大学, 2016.

[65] 赵恒泽. 水喷淋对竖直外壁面典型保温材料燃烧蔓延抑制研究 [D]. 中国科学技术大学, 2016.

[66] 章涛林. 基于铁路机车火灾发展规律的防火监测系统开发及其应用研究 [D]. 中国科学技术大学, 2016.

[67] 张博思. 舰船典型区域火灾烟气流动特性与控制方法研究 [D]. 中国科学技术大学, 2016.

[68] 苑文浩. 单支链芳香烃宽范围燃烧反应动力学研究 [D]. 中国科学技术大学, 2016.

[69] 袁必和. 石墨烯基杂化体及其聚丙烯纳米复合材料的制备、热稳定性及燃烧性能的研究 [D]. 中国科学技术大学, 2016.

[70] 余彬.基于磷氮体系阻燃环氧树脂复合材料的设计、制备与性能研究 [D].
中国科学技术大学 , 2016.

[71] 姚嘉杰.低压条件下的典型可燃物燃烧特性的实验研究 [D].中国科学技术
大学 , 2016.

[72] 杨慎林.低压条件下正庚烷油池火产烟特性与烟粒子散射特性研究 [D].中
国科学技术大学 , 2016.

[73] 闫维纲.耦合建筑外立面结构影响的 PU 保温材料火蔓延特性研究 [D].中
国科学技术大学 , 2016.

[74] 王禹.火灾下玻璃幕墙破裂行为的实验和数值模拟研究 [D].中国科学技术
大学 , 2016.

[75] 王轶尊.飞行时间质谱仪电源的研制及光电离质谱在聚丙烯催化裂解中的
应用 [D].中国科学技术大学 , 2016.

[76] 王苏盼.飞火颗粒点燃的实验及机理研究 [D].中国科学技术大学 , 2016.

[77] 王姝洁.蚂蚁群体运动规律的实验与模拟研究 [D].中国科学技术大学 ,
2016.

[78] 王磊.基于实时模拟信息反馈的湍流扩散火焰数值模拟研究 [D].中国科学
技术大学 , 2016.

[79] 施永乾.石墨状氮化碳杂化物的制备及其聚苯乙烯复合材料的燃烧性能与
阻燃机理研究 [D].中国科学技术大学 , 2016.

[80] 任小男.丙烯腈 - 丁二烯 - 苯乙烯共聚物及其纳米复合材料的热解火蔓延
特性及毒性研究 [D].中国科学技术大学 , 2016.

[81] 彭飞.顶棚辐射与对流对 PMMA 热解及火蔓延的影响规律研究 [D].中国科
学技术大学 , 2016.

[82] 刘晓栋.行人相向流和进入流的实验与模型研究 [D].中国科学技术大学 ,
2016.

[83] 刘海强.Mg(OH)$_2$ 粉基灭火介质灭火有效性及其机理研究 [D].中国科学技
术大学 , 2016.

[84] 李晔.水玻璃基无机保温泡沫的制备与性能研究 [D].中国科学技术大学 ,
2016.

[85] 李晓恋.基于 MODIS 数据的多因子协同作用下森林火灾预测监测研究 [D].
中国科学技术大学 , 2016.

[86] 李康.小尺度超临界二氧化碳泄漏过程物理机理研究 [D].中国科学技术大
学 , 2016.

[87] 李迪迪.非纯净二氧化碳地质封存的数值模拟研究 [D].中国科学技术大学 ,
2016.

[88] 贾阳 . 基于显著性检测和烟雾时空特征的视频火灾探测方法研究 [D]. 中国科学技术大学 , 2016.

[89] 侯亚楠 . 防火结构对溢流火作用下 XPS 外墙保温材料火行为的影响研究 [D]. 中国科学技术大学 , 2016.

[90] 何松 . 二氧化硅气凝胶及其复合材料制备与吸附应用研究 [D]. 中国科学技术大学 , 2016.

[91] 何其泽 . 顶部开口控制的腔室特殊火灾现象及其临界条件研究 [D]. 中国科学技术大学 , 2016.

[92] 关劲夫 . 微重强迫对流环境下高温导线燃烧特性及烟颗粒特征 [D]. 中国科学技术大学 , 2016.

[93] 高子鹤 . 隧道内受限火羽流行为特征及竖井自然排烟机理研究 [D]. 中国科学技术大学 , 2016.

[94] 高威 . 无风及侧向风作用下的腔室开口火溢流研究 [D]. 中国科学技术大学 , 2016.

[95] 段强领 . 高压氢气泄漏自燃机理及其火焰传播特性实验研究 [D]. 中国科学技术大学 , 2016.

[96] 丁超 . 低压特殊环境下可燃液体闪点、沸点及其应用研究 [D]. 中国科学技术大学 , 2016.

[97] 谌瑞宇 . 地铁列车车厢典型内装材料热解及燃烧特性研究 [D]. 中国科学技术大学 , 2016.

[98] 陈艳秋 . 建筑竖井结构内热烟气流动机制及控制方法研究 [D]. 中国科学技术大学 , 2016.

[99] 陈潇 . 表面朝向对典型固体可燃物着火特性及侧向火蔓延的影响研究 [D]. 中国科学技术大学 , 2016.

[100] 陈龙飞 . 纵向通风与顶棚集中排烟作用下隧道火灾顶棚射流行为特性研究 [D]. 中国科学技术大学 , 2016.

[101] 陈昊东 . 热荷载作用下玻璃破裂特性及裂纹扩展模拟研究 [D]. 中国科学技术大学 , 2016.

[102] 周克清 . 典型聚合物基二硫化钼纳米复合材料的制备及其热稳定性与燃烧性能的研究 [D]. 中国科学技术大学 , 2015.

[103] 赵兰明 . 水喷淋对典型建筑外饰材料竖直火蔓延抑制机制研究 [D]. 中国科学技术大学 , 2015.

[104] 杨宏宇 . 硬质聚氨酯泡沫的含磷阻燃体系研究 [D]. 中国科学技术大学 , 2015.

[105] 魏晓鸽 . 考虑群组行为的人员运动实验与模型研究 [D]. 中国科学技术大学 ,

2015.

[106] 王晓伟. 典型通电导线燃烧特性与烟颗粒形谱特征研究 [D]. 中国科学技术大学, 2015.

[107] 王强. 不同环境条件下扩散射流火焰形态特征与推举、吹熄行为研究 [D]. 中国科学技术大学, 2015.

[108] 王鹏飞. 火旋风的火焰与流动特性研究 [D]. 中国科学技术大学, 2015.

[109] 王洁. 飞机货舱环境顶棚射流区火灾烟气特征及温度分布规律研究 [D]. 中国科学技术大学, 2015.

[110] 潘海峰. 棉织物和软质聚氨酯泡沫的层层自组装阻燃涂层的设计及其性能研究 [D]. 中国科学技术大学, 2015.

[111] 牟宏霖. 建筑典型区域中人员紧急疏散效率研究 [D]. 中国科学技术大学, 2015.

[112] 马鑫. 典型有机保温材料的热过程演化及火蔓延特性研究 [D]. 中国科学技术大学, 2015.

[113] 陆凯华. 不同开口与侧墙限制边界条件下火焰溢出卷吸行为与火焰高度模型研究 [D]. 中国科学技术大学, 2015.

[114] 廖瑶剑. 基于电梯的人员疏散模型研究及其在超高层建筑安全疏散设计中的应用 [D]. 中国科学技术大学, 2015.

[115] 李满厚. 液体表面火焰传播及表面流传热特性研究 [D]. 中国科学技术大学, 2015.

[116] 阚永春. 富锂锰基镍锰钴氧化物正极材料电压衰减机理的研究 [D]. 中国科学技术大学, 2015.

[117] 金汉锋. 丁醇掺混的甲烷同轴扩散火焰的实验和动力学研究 [D]. 中国科学技术大学, 2015.

[118] 姜婕妤. 非预混火焰中的流动及燃烧不稳定性的直接数值模拟研究 [D]. 中国科学技术大学, 2015.

[119] 江曙东. 介孔二氧化硅的功能化改性及其环氧树脂复合材料的热解与燃烧性能研究 [D]. 中国科学技术大学, 2015.

[120] 霍非舟. 建筑楼梯区域人员疏散行为的实验与模拟研究 [D]. 中国科学技术大学, 2015.

[121] 傅志坚. 考虑人员运动特征的通道行人流与房间人群疏散模拟研究 [D]. 中国科学技术大学, 2015.

[122] 范传刚. 隧道火灾发展特性及竖井自然排烟方法研究 [D]. 中国科学技术大学, 2015.

[123] 陈潇. 顶部开口腔室水平开口流动行为与火行为耦合特性研究 [D]. 中国科

学技术大学 , 2015.

[124] 安伟光 . PS 建筑外墙保温材料燃烧及火蔓延行为研究 [D]. 中国科学技术大学 , 2015.

[125] 周洋 . 高原环境中硬质聚氨酯和聚苯乙烯泡沫的火蔓延特性研究 [D]. 中国科学技术大学 , 2014.

[126] 赵伟涛 . 森林泥炭热解动力学特性和阴燃蔓延规律研究 [D]. 中国科学技术大学 , 2014.

[127] 张孝春 . 不同火源形状下射流火羽流及顶棚射流特征参数演化行为研究 [D]. 中国科学技术大学 , 2014.

[128] 张佳庆 . 考虑开口与火源位置影响的船舶封闭空间火灾动力学特性模拟研究 [D]. 中国科学技术大学 , 2014.

[129] 张单 . 微重力层流射流扩散火焰的图像特征与燃烧特性 [D]. 中国科学技术大学 , 2014.

[130] 袁伟 . 基于高斯尺度空间火灾图像局部特征提取与主动式识别方法研究 [D]. 中国科学技术大学 , 2014.

[131] 余陶 . 采空区瓦斯与煤自燃复合灾害防治机理与技术研究 [D]. 中国科学技术大学 , 2014.

[132] 许磊 . 聚苯乙烯外墙外保温系统在竖直条件下的辐射引燃过程研究 [D]. 中国科学技术大学 , 2014.

[133] 徐文总 . 疏水阻燃聚氨酯弹性体的制备与性能研究 [D]. 中国科学技术大学 , 2014.

[134] 谢小冬 . 上坡地表火蔓延的实验和理论研究 [D]. 中国科学技术大学 , 2014.

[135] 谢启苗 . 基于多项式混沌展开的人员疏散时间不确定性研究 [D]. 中国科学技术大学 , 2014.

[136] 武金模 . 外界风和坡度条件下地表火蔓延的实验和模型研究 [D]. 中国科学技术大学 , 2014.

[137] 王楠 . 典型热塑性材料火灾行为中融流燃烧过程的实验研究 [D]. 中国科学技术大学 , 2014.

[138] 汪磊 . 聚乙烯 - 醋酸乙烯酯 / 铁氧化物复合材料制备及其火安全性研究 [D]. 中国科学技术大学 , 2014.

[139] 师文喜 . 高层建筑楼梯间及相连空间内烟气流动特性与火行为研究 [D]. 中国科学技术大学 , 2014.

[140] 沈晓波 . 密闭空间内典型可燃气体层流预混火焰传播动力学及其化学反应机理研究 [D]. 中国科学技术大学 , 2014.

[141] 钱小东 . 含 DOPO 磷硅杂化阻燃剂的设计及其阻燃环氧与聚脲树脂性能的

研究 [D]. 中国科学技术大学, 2014.

[142] 平平. 锂离子电池热失控与火灾危险性分析及高安全性电池体系研究 [D]. 中国科学技术大学, 2014.

[143] 牛慧昌. 森林可燃物热解动力学及燃烧性研究 [D]. 中国科学技术大学, 2014.

[144] 孟庆亮. 超临界二氧化碳在盐水层多孔介质条件下迁移的数值模拟研究 [D]. 中国科学技术大学, 2014.

[145] 孟娜. 地铁车站关键结合部位火灾烟气流动特性与控制模式优化研究 [D]. 中国科学技术大学, 2014.

[146] 吕伟. 基于运动方向变化机制的车辆及行人微观交通模型研究 [D]. 中国科学技术大学, 2014.

[147] 梁参军. 环境压强对固体可燃物火蔓延的影响研究 [D]. 中国科学技术大学, 2014.

[148] 李森. 火灾初期建筑内图像清晰化及人员检测技术研究 [D]. 中国科学技术大学, 2014.

[149] 李林杰. 高层建筑竖向通道内烟气输运规律及着火房间火行为特性研究 [D]. 中国科学技术大学, 2014.

[150] 李海航. 低压条件下气体射流的燃烧特性与火焰形态研究 [D]. 中国科学技术大学, 2014.

[151] 李国辉. 全球恐怖袭击时空演变及风险分析研究 [D]. 中国科学技术大学, 2014.

[152] 江赛华. 新型透明阻燃耐热聚甲基丙烯酸甲酯材料的设计、制备与性能研究 [D]. 中国科学技术大学, 2014.

[153] 贾佳. 舰船火灾生命力评估方法研究 [D]. 中国科学技术大学, 2014.

[154] 胡伟兆. 含磷氮有机化合物的设计及其聚苯乙烯复合材料的制备和性能研究 [D]. 中国科学技术大学, 2014.

[155] 洪宁宁. 石墨烯的功能化改性及其典型聚合物复合材料的热解与阻燃性能研究 [D]. 中国科学技术大学, 2014.

[156] 龚伦伦. 基于发泡和固化法的硅酸盐无机外墙保温材料制备与性能研究 [D]. 中国科学技术大学, 2014.

[157] 龚俊辉. 典型非碳化聚合物材料热解及逆流火蔓延实验和理论研究 [D]. 中国科学技术大学, 2014.

[158] 丁元春. 高层建筑人群垂直疏散特性与疏散策略计算机仿真研究 [D]. 中国科学技术大学, 2014.

[159] 单雪影. 聚乳酸/含镍化合物纳米复合材料的制备、热性能与阻燃性能研

究 [D]. 中国科学技术大学 , 2014.

[160] 白志满 . 新型有机磷化合物的合成及不饱和聚酯的阻燃性能与机理研究 [D]. 中国科学技术大学 , 2014.

[161] 朱孔金 . 建筑内典型区域人员疏散特性及疏散策略研究 [D]. 中国科学技术大学 , 2013.

[162] 朱红亚 . 多源气体泄漏扩散的实验及数值模拟研究 [D]. 中国科学技术大学 , 2013.

[163] 周魁斌 . 火旋风的燃烧规律及其火焰移动机制研究 [D]. 中国科学技术大学 , 2013.

[164] 赵威风 . 狭长空间油池火燃烧特性的实验与数值模拟研究 [D]. 中国科学技术大学 , 2013.

[165] 袁满 . 顶部开口舱室油池火动力学参数预测模型研究 [D]. 中国科学技术大学 , 2013.

[166] 杨华 . 基于图像处理技术的交通枢纽综合体人员荷载监测研究 [D]. 中国科学技术大学 , 2013.

[167] 许红利 . 超细水雾抑制瓦斯煤尘混合爆炸模拟实验研究 [D]. 中国科学技术大学 , 2013.

[168] 肖华华 . 管道中氢 - 空气预混火焰传播动力学实验与数值模拟研究 [D]. 中国科学技术大学 , 2013.

[169] 王学贵 . 基于多传感器信息融合的火灾危险度分布确定系统研究 [D]. 中国科学技术大学 , 2013.

[170] 王鑫 . 石墨烯的功能化及其环氧树脂复合材料的阻燃性能及机理研究 [D]. 中国科学技术大学 , 2013.

[171] 王孝峰 . 光固化膨胀阻燃涂层的制备及交联聚乙烯的热老化与机理的研究 [D]. 中国科学技术大学 , 2013.

[172] 王世东 . 视频中火焰和烟气探测方法的研究 [D]. 中国科学技术大学 , 2013.

[173] 王静虹 . 非常规突发情况下大规模人群疏散的不确定性研究 [D]. 中国科学技术大学 , 2013.

[174] 王德勇 . 基于火灾数据的消防时间关联分析与应急决策模型研究 [D]. 中国科学技术大学 , 2013.

[175] 陶常法 . 倾斜气流作用下酒精池火燃烧特性及传热机制研究 [D]. 中国科学技术大学 , 2013.

[176] 唐刚 . 聚乳酸 / 次磷酸盐复合材料的制备、阻燃机理以及烟气毒性研究 [D]. 中国科学技术大学 , 2013.

[177] 唐飞 . 不同外部边界及气压条件下建筑外立面开口火溢流行为特征研究 [D].

中国科学技术大学, 2013.

[178] 牛奕. 低压低氧环境下纸箱堆垛火的实验和数值模拟研究 [D]. 中国科学技术大学, 2013.

[179] 梅鹏. 中国群死群伤火灾数据插补及快速损失评估研究 [D]. 中国科学技术大学, 2013.

[180] 毛占利. 基于概率可靠度的人员安全疏散不确定性问题研究 [D]. 中国科学技术大学, 2013.

[181] 李强. 船舶顶部开口舱室火灾烟气特性实验研究 [D]. 中国科学技术大学, 2013.

[182] 孔得朋. 火灾安全设计中参数不确定性分析及耦合风险的设计方法研究 [D]. 中国科学技术大学, 2013.

[183] 戴康. 新型含磷共聚单体的合成及其阻燃不饱和树脂燃烧性能与机理的研究 [D]. 中国科学技术大学, 2013.

[184] 曾怡. 低压下射流扩散火焰的燃烧特性与图像特征 [D]. 中国科学技术大学, 2013.

[185] 安江涛. 直到耗散尺度的湍流与复杂化学相互作用数值模拟研究 [D]. 中国科学技术大学, 2013.

[186] 张甲雷. 长通道内火灾烟气中一氧化碳生成和分布规律的研究 [D]. 中国科学技术大学, 2012.

[187] 战婧. 添加剂对煤低中温氧化过程的影响及其机理研究 [D]. 中国科学技术大学, 2012.

[188] 杨伟. 聚酯复合材料无卤协效阻燃研究及机理的研究 [D]. 中国科学技术大学, 2012.

[189] 许秦坤. 狭长通道火灾烟气热分层及运动机制研究 [D]. 中国科学技术大学, 2012.

[190] 伍昱. 二氧化钛纳米管的掺杂与表面功能化及其聚合物复合材料热稳定性与阻燃性能的研究 [D]. 中国科学技术大学, 2012.

[191] 王秋红. 锆粉云瞬态火焰及连续喷射火焰特性的实验研究 [D]. 中国科学技术大学, 2012.

[192] 汪碧波. 核—壳协同微胶囊化膨胀型阻燃剂的制备及其交联阻燃乙烯—醋酸乙烯酯共聚物性能的研究 [D]. 中国科学技术大学, 2012.

[193] 涂然. 高原低压低氧对池火燃烧与火焰图像特征的影响机制 [D]. 中国科学技术大学, 2012.

[194] 台启龙. 新型磷氮化合物的合成及其阻燃聚苯乙烯的研究 [D]. 中国科学技术大学, 2012.

[195] 阮继锋 . 苯胺生产过程危险介质热危险性实验模拟及其热分解机理研究 [D]. 中国科学技术大学 , 2012.

[196] 荣建忠 . 基于多特征的火焰图像探测研究及实现 [D]. 中国科学技术大学 , 2012.

[197] 亓延军 . 常用有机外墙外保温系统火灾特性研究 [D]. 中国科学技术大学 , 2012.

[198] 毛少华 . 烟气中性面的理论模型及实验研究 [D]. 中国科学技术大学 , 2012.

[199] 陆松 . 中国群死群伤火灾时空分布规律及影响因素研究 [D]. 中国科学技术大学 , 2012.

[200] 梁天水 . 超细水雾灭火有效性的模拟实验研究 [D]. 中国科学技术大学 , 2012.

[201] 李立明 . 隧道火灾烟气的温度特征与纵向通风控制研究 [D]. 中国科学技术大学 , 2012.

[202] 雷佼 . 火旋风燃烧动力学的实验与理论研究 [D]. 中国科学技术大学 , 2012.

[203] 黄咸家 . 细水雾与气体射流火焰相互作用的实验与数值模拟研究 [D]. 中国科学技术大学 , 2012.

[204] 胡小康 . 高海拔地区油池火燃烧和烟气特性研究 [D]. 中国科学技术大学 , 2012.

[205] 胡爽 . 磷硅杂化与含磷壳聚糖阻燃剂的制备及其阻燃聚合物的性能和机理研究 [D]. 中国科学技术大学 , 2012.

[206] 胡海兵 . 微重力密闭空间火灾探测参量分布规律研究 [D]. 中国科学技术大学 , 2012.

[207] 郭进 . 航空煤油表面火焰脉动及表面流特性研究 [D]. 中国科学技术大学 , 2012.

[208] 付强 . 典型电缆燃烧性能研究 [D]. 中国科学技术大学 , 2012.

[209] 戴佳昆 . 固体可燃物热解气化及热解气对冲流场点燃过程模型与实验研究 [D]. 中国科学技术大学 , 2012.

[210] 房志明 . 考虑火灾影响的人员疏散过程模型与实验研究 [D]. 中国科学技术大学 , 2012.

[211] 崔嵛 . 竖直壁面条件下常用有机外墙保温材料的火灾行为研究 [D]. 中国科学技术大学 , 2012.

[212] 包晨露 . 石墨烯及其典型聚合物纳米复合材料的制备方法、结构与机理研究 [D]. 中国科学技术大学 , 2012.

[213] 祝玉泉 . 调谐激光吸收光谱技术在典型灾害气体检测中应用研究 [D]. 中国科学技术大学 , 2011.

[214] 张毅.热荷载作用下浮法玻璃和低辐射镀膜玻璃破裂行为研究 [D]. 中国科学技术大学, 2011.

[215] 张启兴.火灾烟雾颗粒散射矩阵模拟测量与粒径折射率反演研究 [D]. 中国科学技术大学, 2011.

[216] 张平.石蜡类相变材料的设计及其热物性与阻燃性能研究 [D]. 中国科学技术大学, 2011.

[217] 尹艺.浸入易燃液体的多孔介质表面火蔓延研究 [D]. 中国科学技术大学, 2011.

[218] 杨满江.高原环境下压力影响气体燃烧特征和烟气特性的实验与模拟研究 [D]. 中国科学技术大学, 2011.

[219] 宣善勇.膨胀阻燃聚乳酸复合材料的制备、性能和阻燃机理研究 [D]. 中国科学技术大学, 2011.

[220] 邢伟义.含双键磷氮硅单体及其光固化涂层的设计、阻燃性能与机理的研究 [D]. 中国科学技术大学, 2011.

[221] 肖修昆.基于蒸汽辅助雾化的气动式细水雾发生方法及灭火有效性模拟实验研究 [D]. 中国科学技术大学, 2011.

[222] 魏涛.狭长地下空间火灾烟气运动物理模型及尺度准则研究 [D]. 中国科学技术大学, 2011.

[223] 王彦.西藏低压环境受限空间顶棚射流区火灾烟雾信号规律与探测算法研究 [D]. 中国科学技术大学, 2011.

[224] 王亚飞.热解气体流动特性对炭化可燃物热解着火特性影响规律研究 [D]. 中国科学技术大学, 2011.

[225] 潘李伟.烟气控制条件下狭长空间烟气分层蔓延特性研究 [D]. 中国科学技术大学, 2011.

[226] 李松阳.地下狭长空间轰燃演化机理的实验与理论研究 [D]. 中国科学技术大学, 2011.

[227] 黄新杰.不同外界环境下典型保温材料 PS 火蔓延特性规律研究 [D]. 中国科学技术大学, 2011.

[228] 黄冬梅.低辐射强度条件下消防战斗服内部热湿传递机理研究 [D]. 中国科学技术大学, 2011.

[229] 陈兵.船舶顶部开口舱室油池火灾模拟实验研究 [D]. 中国科学技术大学, 2011.

[230] 周宇鹏.热解挥发份辐射衰减及流动特性对固体可燃物热解及着火影响研究 [D]. 中国科学技术大学, 2010.

[231] 郑红阳.受气象因子驱动的火灾系统标度性研究 [D]. 中国科学技术大学,

2010.

[232] 于春雨 . 基于光流法火灾烟雾视频图像识别及多信息融合探测算法研究 [D]. 中国科学技术大学 , 2010.

[233] 阳东 . 狭长受限空间火灾烟气分层与卷吸特性研究 [D]. 中国科学技术大学 , 2010.

[234] 聂士斌 . 聚丙烯阻燃协效、成炭机理和新型膨胀阻燃体系的研究 [D]. 中国科学技术大学 , 2010.

[235] 马剑 . 相向行人流自组织行为机理研究 [D]. 中国科学技术大学 , 2010.

[236] 陆嘉 . 细水雾抑制熄灭气体射流火焰的实验研究 [D]. 中国科学技术大学 , 2010.

[237] 刘琼 . 多火源燃烧动力学机制与规律研究 [D]. 中国科学技术大学 , 2010.

[238] 李权威 . 狭长空间纵向通风条件下细水雾抑制油池火的实验研究 [D]. 中国科学技术大学 , 2010.

[239] 黎昌海 . 船舶封闭空间池火行为实验研究 [D]. 中国科学技术大学 , 2010.

[240] 康泉胜 . 小尺度油池火非稳态燃烧特性及热反馈研究 [D]. 中国科学技术大学 , 2010.

[241] 何学超 . 丙烷空气预混火焰在 90° 弯曲管道内传播特性的实验和模拟研究 [D]. 中国科学技术大学 , 2010.

[242] 丁以斌 . 锆粉云火焰传播特性的实验研究 [D]. 中国科学技术大学 , 2010.

[243] 程旭东 . 受限空间内典型热塑性材料熔融流动燃烧行为研究 [D]. 中国科学技术大学 , 2010.

[244] 陈国庆 . 航空煤油火焰蔓延特性研究 [D]. 中国科学技术大学 , 2010.

[245] 周勇 . 杉木板壁面垂直火蔓延及侧向水喷雾对其抑制作用研究 [D]. 中国科学技术大学 , 2009.

[246] 周顺 . 膨胀阻燃和硅烷接枝交联聚丙烯及其三元乙丙橡胶材料的制备和性能研究 [D]. 中国科学技术大学 , 2009.

[247] 周德闯 . 基于虚拟现实平台的火灾场景计算与仿真研究 [D]. 中国科学技术大学 , 2009.

[248] 胥旋 . 人员疏散多格子模型的理论与实验研究 [D]. 中国科学技术大学 , 2009.

[249] 吴昆 . 膨胀型阻燃剂核—壳结构的设计、制备及其阻燃性能的研究 [D]. 中国科学技术大学 , 2009.

[250] 王健 . 火灾系统时空分布规律及相关性分析 [D]. 中国科学技术大学 , 2009.

[251] 孙晓乾 . 火灾烟气在高层建筑竖向通道内的流动及控制研究 [D]. 中国科学技术大学 , 2009.

[252] 李振华.西藏高原低压低氧条件下可燃物燃烧特性和烟气特性研究 [D]. 中国科学技术大学, 2009.

[253] 姜蓬.基于金相分析与烟熏图痕数值重构的火灾调查研究 [D]. 中国科学技术大学, 2009.

[254] 胡军.梁柱栓焊混合边节点火灾响应特性研究 [D]. 中国科学技术大学, 2009.

[255] 郭笪.典型爆炸性危险化学品热分解特性及过渡态金属化合物对其影响研究 [D]. 中国科学技术大学, 2009.

[256] 陈吕义.细水雾抑制受限空间轰燃的实验与理论研究 [D]. 中国科学技术大学, 2009.

[257] 蔡昕.高海拔低气压条件对细水雾灭火性能影响的实验研究 [D]. 中国科学技术大学, 2009.

[258] 宗若雯.特殊受限空间火灾轰燃的重构研究 [D]. 中国科学技术大学, 2008.

[259] 庄磊.航空煤油池火热辐射特性及热传递研究 [D]. 中国科学技术大学, 2008.

[260] 朱杰.超高层建筑竖井结构内烟气运动规律及控制研究 [D]. 中国科学技术大学, 2008.

[261] 于彦飞.人员疏散的多作用力元胞自动机模型研究 [D]. 中国科学技术大学, 2008.

[262] 尤飞.西藏古建筑典型装饰织物的阻燃及燃烧特性的研究 [D]. 中国科学技术大学, 2008.

[263] 杨健鹏.水雾对典型壁面装饰材料火灾发展的影响研究 [D]. 中国科学技术大学, 2008.

[264] 杨丹丹.聚合物 /α-磷酸锆纳米复合材料的制备及阻燃与炭化机理研究 [D]. 中国科学技术大学, 2008.

[265] 王蔚.聚氯乙烯电缆火灾特性及其影响因素研究 [D]. 中国科学技术大学, 2008.

[266] 汪金辉.建筑火灾环境下人员安全疏散不确定性研究 [D]. 中国科学技术大学, 2008.

[267] 谭家磊.油品扬沸火灾重构与防治对策研究 [D]. 中国科学技术大学, 2008.

[268] 乔利锋.火灾烟颗粒偏振光散射特征的研究 [D]. 中国科学技术大学, 2008.

[269] 彭伟.公路隧道火灾中纵向风对燃烧及烟气流动影响的研究 [D]. 中国科学技术大学, 2008.

[270] 吕品.膨胀型阻燃聚丙烯复合材料制备、性能与机理的研究 [D]. 中国科学技术大学, 2008.

[271] 刘益民 . 基于雾通量分析的细水雾灭火机理模拟实验研究 [D]. 中国科学技术大学 , 2008.

[272] 李开源 . 水喷淋作用下火灾烟气层的稳定特性研究 [D]. 中国科学技术大学 , 2008.

[273] 李健 . 考虑环境信息和个体特性的人员疏散元胞自动机模拟及实验研究 [D]. 中国科学技术大学 , 2008.

[274] 况凯骞 . 细化粉基灭火介质与火焰相互作用的模拟实验研究 [D]. 中国科学技术大学 , 2008.

[275] 纪杰 . 地铁站火灾烟气流动及通风控制模式研究 [D]. 中国科学技术大学 , 2008.

[276] 丁严艳 . 新型聚合物 / 氢氧化合物纳米复合材料的制备、热稳定性及阻燃机理研究 [D]. 中国科学技术大学 , 2008.

[277] 陈希磊 . 阻燃丙烯酸酯单体 / 低聚物的合成及其涂层热降机理与性能研究 [D]. 中国科学技术大学 , 2008.

[278] 朱五八 . 不同通风状况下典型软垫家具火灾特性研究 [D]. 中国科学技术大学 , 2007.

[279] 钟委 . 地铁站火灾烟气流动特性及控制方法研究 [D]. 中国科学技术大学 , 2007.

[280] 赵道亮 . 紧急条件下人员疏散特殊行为的元胞自动机模拟 [D]. 中国科学技术大学 , 2007.

[281] 游宇航 . 机械排烟与水喷淋作用下大空间仓室火灾及烟气特性研究 [D]. 中国科学技术大学 , 2007.

[282] 徐亮 . 典型热塑性装饰材料火灾特性研究 [D]. 中国科学技术大学 , 2007.

[283] 翁韬 . 城镇森林交界域火行为模型及应急辅助决策研究 [D]. 中国科学技术大学 , 2007.

[284] 韦亚星 . 基于数据网格的地理空间信息协作共享系统研究 [D]. 中国科学技术大学 , 2007.

[285] 王信群 . 特殊受限空间火灾早期探测及高压细水雾灭火有效性模拟实验研究 [D]. 中国科学技术大学 , 2007.

[286] 刘磊 . 几种倍半硅氧烷的合成及其聚苯乙烯复合材料燃烧性能的研究 [D]. 中国科学技术大学 , 2007.

[287] 林霖 . 多组分压缩空气泡沫特性表征及灭火有效性实验研究 [D]. 中国科学技术大学 , 2007.

[288] 焦传梅 . 无卤阻燃 EVA、POE 及其交联改性复合材料的制备和性能研究 [D]. 中国科学技术大学 , 2007.

[289] 黄鑫.气泡雾化细水雾灭火有效性模拟研究 [D].中国科学技术大学,2007.

[290] 冯文兴.典型建筑结构中火灾危害性气体向远处的传播特点和分布规律 [D].中国科学技术大学,2007.

[291] 褚冠全.基于火灾动力学与统计理论耦合的风险评估方法研究 [D].中国科学技术大学,2007.

[292] 陈先锋.丙烷-空气预混火焰微观结构及加速传播过程中的动力学研究 [D].中国科学技术大学,2007.

[293] 陈思凝.沸腾液体膨胀蒸气爆炸（BLEVE）动力演化机理的小尺寸模拟试验研究 [D].中国科学技术大学,2007.

[294] 陈东梁.甲烷/煤尘复合火焰传播特性及机理的研究 [D].中国科学技术大学,2007.

[295] 蔡以兵.阻燃定形相变材料及苯乙烯—丙烯腈基聚合物/粘土纳米复合材料的制备与性能研究 [D].中国科学技术大学,2007.

[296] 朱伟.狭长空间纵向通风条件下细水雾抑制火灾的模拟研究 [D].中国科学技术大学,2006.

[297] 张永丰.洁净高效混合气体灭火有效性模拟研究 [D].中国科学技术大学,2006.

[298] 张小芹.典型干杂类可燃物热解与燃烧特性研究 [D].中国科学技术大学,2006.

[299] 张庆文.受限空间火灾环境下玻璃破裂行为研究 [D].中国科学技术大学,2006.

[300] 张靖岩.高层建筑竖井内烟气流动特征及控制研究 [D].中国科学技术大学,2006.

[301] 张村峰.典型喷淋条件下火灾烟气运动的动力学特性研究 [D].中国科学技术大学,2006.

[302] 杨玲.低烟聚氯乙烯和阻燃硅橡胶电缆材料的制备与性能研究 [D].中国科学技术大学,2006.

[303] 谢启源.火灾烟颗粒光散射模型的研究 [D].中国科学技术大学,2006.

[304] 肖峻峰.阻燃PBT及其合金纳米复合材料的制备与性能研究 [D].中国科学技术大学,2006.

[305] 王银玲.橡胶基金属铁粒子复合材料的制备及其作为磁流变弹性体在安全工程中应用的研究 [D].中国科学技术大学,2006.

[306] 马绥华.火灾烟雾颗粒粒径分布的测量与计算模拟 [D].中国科学技术大学,2006.

[307] 鲁红典.阻燃和交联聚乙烯复合材料的制备与机理研究 [D].中国科学技术

大学, 2006.

[308] 刘义. 甲烷、煤尘火焰结构及传播特性的研究 [D]. 中国科学技术大学, 2006.

[309] 刘暄亚. 水雾作用下甲烷/空气层流预混火焰燃烧特性研究 [D]. 中国科学技术大学, 2006.

[310] 孔庆红. 聚合物/铁蒙脱土纳米复合材料的制备及阻燃机理研究 [D]. 中国科学技术大学, 2006.

[311] 蒋亚龙. 火灾烟气探测中光声光散射复合技术应用研究 [D]. 中国科学技术大学, 2006.

[312] 胡隆华. 隧道火灾烟气蔓延的热物理特性研究 [D]. 中国科学技术大学, 2006.

[313] 郭再富. 线性上升热流下木材热解过程的温度分布及炭化速率研究 [D]. 中国科学技术大学, 2006.

[314] 房玉东. 细水雾与火灾烟气相互作用的模拟研究 [D]. 中国科学技术大学, 2006.

[315] 方廷勇. 自然通风状况下的烟气在典型建筑结构中的迁移及危害性评价的研究 [D]. 中国科学技术大学, 2006.

[316] 丛北华. 多组分细水雾与扩散火焰相互作用的模拟研究 [D]. 中国科学技术大学, 2006.

[317] 陈鹏. 典型木材表面火蔓延行为及传热机理研究 [D]. 中国科学技术大学, 2006.

[318] 陈海翔. 生物质热解的物理化学模型与分析方法研究 [D]. 中国科学技术大学, 2006.

附录 D　1994~2005 年范维澄院士指导的博士论文

博士论文标题	第一导师	第二导师	博士生	时间
微重力条件下热过程的数值模拟	范维澄	—	姜羲	1994
火灾模拟实验装置的研制和林火行为中的蔓延、火焰旋涡及树冠火等特性研究	范维澄	王清安	关胜晓	1994
建筑火灾区域模拟的计算与实验研究	范维澄	—	傅祝满	1995
船舶火灾若干特性的研究	范维澄	—	董华	1995
扬沸火灾机理及预测的研究	范维澄	廖光煊	花锦松	1995
火灾烟气运动盐水实验模拟和受限空间初起火灾烟气运动特性的研究	范维澄	张人杰	张和平	1996
磷腈化合物的合成及其改性高聚物的热解燃烧特性的研究	范维澄	—	胡源	1997
常规和特殊条件下热过程的计算机模拟	范维澄	—	汪箭	1999
细水雾与扩散火焰相互作用的模拟研究	范维澄	廖光煊	姚斌	1999
基于多波长激光散射的火灾烟雾识别研究	范维澄	王清安 袁宏永	赵建华	2000
生物质材料热解失重动力学及其分析方法研究	范维澄	—	刘乃安	2000
中庭式大空间建筑内火灾烟气流动与控制研究	范维澄	霍然	李元洲	2001
固体可燃物表面火蔓延研究	范维澄	—	邹样辉	2001
聚乙烯无卤阻燃及硅烷交联的研究	瞿保钧	范维澄	王正洲	2001
细水雾抑制熄灭固体火焰的模拟实验研究	范维澄	廖光煊	刘江虹	2001
火灾系统的自组织临界性研究	范维澄	—	宋卫国	2001
小尺寸腔室轰燃现象的实验和理论研究	范维澄	—	宋虎	2002
光声火灾气体探测研究	范维澄	袁宏永	苏国锋	2002
腔室火灾中回燃现象的模拟研究	范维澄	—	翁文国	2002
变热流条件下木材点燃判据及应用研究	范维澄	杨立中	季经纬	2003
房间—走廊结构烟气运动及其危害研究	范维澄	杨立中	黄锐	2003
反应性化学物质热自燃化学动力学及其热危险性评价方法	范维澄	孙金华	孙占辉	2004
典型燃油在水平热壁面上的着火机理研究	范维澄	陆守香	栗元龙	2004
卸压瓦斯储集与采场围岩裂隙演化关系研究	范维澄	廖光煊	刘泽功	2004
氧化石墨、α-磷酸锆及其聚合物纳米复合材料的制备及燃烧性能研究	范维澄	胡源	张蕤	2004
大涡模拟及亚格子层流小火焰燃烧模型在火灾模拟中的应用研究	范维澄	王应时	杨锐	2004
基于GIS的城市火灾应急空间决策支持系统和仿真模型	范维澄	—	朱霁平	2004

续表

博士论文标题	第一导师	第二导师	博士生	时间
火灾气体产物和烟雾颗粒的光声复合探测研究	范维澄	袁宏永	陈涛	2004
火灾情况下人员疏散模型及应用研究	范维澄	—	陈涛	2004
高大空间热分层环境下早期火灾烟气输运规律与探测方法研究	范维澄	袁宏永	方俊	2004
大空间内仓室火灾增长特性及烟气蔓延规律研究	范维澄	霍然	史聪灵	2005
无卤阻燃聚丙烯/粘土纳米复合材料的制备、性能及其机理研究	范维澄	胡源	唐勇	2005
局部火灾条件下钢建筑构件响应特性的模拟研究	范维澄	—	陈长坤	2005
装饰胶合板火灾特性及对室内火灾发展的影响研究	范维澄	张和平	杨昀	2005
中庭式建筑中火灾烟气的流动与管理研究	范维澄	霍然	易亮	2005

资料来源：国家图书馆

参 考 文 献

陈伟炯，李杰. 2017. 国内外首家"安全科技趋势研究中心"在上海海事大学成立——发挥安全智库作用，促进安全科技发展 [J]. 安全，38(2): 75.

冯长根. 2014. 当前安全科学技术研究的若干趋势 [C]// 中国化学会. 中国化学会第 29 届学术年会摘要集——第 29 分会：公共安全化学. 中国化学会.

李杰. 2014. 安全科学技术信息检索基础 [M]. 北京：首都经济贸易大学出版社.

李杰. 2015. 安全科学知识图谱导论 [M]. 北京：化学工业出版社.

李杰. 2018a. 科学计量与知识网络分析 [M]. 2 版. 北京：首都经济贸易大学出版社.

李杰. 2018b. 科学知识图谱原理及应用 [M]. 北京：高等教育出版社.

李杰，陈超美. 2016. CiteSpace 科技文本挖掘及可视化 [M]. 北京：首都经济贸易大学出版社.

李杰，陈伟炯. 2018. 建筑火灾研究现状的可视化分析 [J]. 消防科学与技术，37(2): 250-254.

李杰，陈伟炯，冯长根. 2018a. 安全科学学术地图（综合卷）[M]. 上海：上海教育出版社.

李杰，李平，谢启苗，等. 2018b. 安全疏散研究的科学知识图谱 [J]. 中国安全科学学报，28(1): 1-7.

李杰，刘家豪，汪金辉，等. 2019. 基于 FSJ 的火灾安全科学学术地图研究 [J]. 消防科学与技术，12.

宋亚军. 2013. 近期林火科学研究文献计量分析 [D]. 北京：北京林业大学.

CHEN C M. 2006. CiteSpace II: Detecting and visualizing emerging trends and transient patterns in scientific literature [J]. Journal of the American Society for Information Science and Technology, 57(3): 359-377.

CHEN C, IBEKWE-SANJUAN F, HOU J. 2010. The structure and dynamics of cocitation clusters: A multiple perspective cocitation analysis [J]. Journal of the Association for Information Science and Technology, 61(7): 1386-1409.

KUHN T S. 1962. The Structure of Scientific Revolutions[M]. Chicago and London.

VAN ECK N J, WALTMAN L. 2010. Software survey: VOSviewer, a computer program for bibliometric mapping [J]. Scientometrics, 84(2): 523-538.

VAN ECK N J, WALTMAN L. 2014. Visualizing bibliometric networks [M]//DING Y, ROUSSEAU R, WOLFRAM D. Measuring Scholarly Impact: Methods and Practice. Cham; Springer International Publishing: 285-320.

VAN ECK N J, WALTMAN L, NOYONS E C M, et al. 2010. Automatic term identification for bibliometric mapping [J]. Scientometrics, 82(3): 581-596.

WALTMAN L, VAN ECK N J, NOYONS E C M. 2010. A unified approach to mapping and clustering of bibliometric networks [J]. Journal of Informetrics, 4(4): 629-635.